(Un)geliebte UnKräuter

Elke Fischer

(Un)geliebte UnKräuter

Begegnungen mit Pflanzenfreunden – Ein Buch, nicht nur für Gartenfreunde

löwen-
stern
verlag

Bibliografische Information der Deutschen Nationalbibliothek
Die Deutsche Nationalbibliothek verzeichnet diese Publikation in der Deutschen Nationalbibliografie; detaillierte bibliografische Daten sind im Internet über http://dnb.d-nb.de abrufbar.
Umschlaggestaltung: Renate Wettach unter Verwendung eines Fotos von Elke Fischer.
Bilder: wenn nicht anders vermerkt, stammen alle Bilder von Elke Fischer. Das Portraitbild (Autorenprofil und Cover) wurde fotografiert von Reiner Knapp.
ISBN 978-3-98864-014-7 (Print Softcover)
E-ISBN 978-3-98864-015-4 (ePUB)

Frankfurt am Main 2024, 1. Auflage
Druck: CPI Druckdienstleistungen GmbH, Ferdinand-Jühlke-Straße 7, 99095 Erfurt

Verlag, Redaktion, Herstellung, Design & Layout:
Renate Wettach, LöwenStern Verlag,
E-Mail: geschaeftsfuehrung@loewenstern-verlag.de
www.loewenstern-verlag.de

Inhaltsverzeichnis

Vorwort

Leben im Einklang mit der Natur und ihren wertvollen Schätzen ist eine wundervolle Vorstellung, die in der heutigen Zeit für viele Menschen leider oftmals wirklich „nur“ eine Vorstellung bleibt.

Und gerade bei den (U)nkräutern im eigenen Garten sieht es oftmals mit dem harmonischen Einklang von Mensch und Natur ganz anders als harmonisch aus.

Mit diesem Zwiespalt zwischen der Harmonie mit der Natur einerseits und der Vorstellung eines „gut gepflegten“ Gartens andererseits begann auch meine Reise in die Welt der Pflanzen, die sich immer mehr auch zu einer wahren Liebe für die heimischen (Un)Kräuter entwickelte.

Der Garten meiner Kindheit war, als wir ihn bekamen, ein wahrliches Meer aus „Unkraut“, und es bedurfte viel Zeit, Muskelkraft und Ausdauer, all der ungeliebten und unerwünschten grünen Störenfriede Herr zu werden, ehe dieses Stück Land dem Wort „Garten“ gerecht gemacht worden war.

Es gab genau in diesem Garten meiner Kindheit ganz klare Regeln darüber, welche Pflanzen, welche Kräuter dort wachsen und uns nutzen durften und welche eben nicht. Es wurde genauestens unterschieden zwischen „den guten“ Nutz- und Zierpflanzen und den ungewollten, „bösen“ Unkräutern.

So lernte ich als Kind, dass es Pflanzen gab, die scheinbar innerhalb eines Gartens oder vielleicht speziell *dieses* Gartens nun mal am „falschen“ Ort standen und dort einfach nicht hingehörten. Sie gehörten nicht auf die Beete und in den Rasen. Sie wurden gejätet und durften bestenfalls als Jauche zum Düngen und für den Pflanzenschutz genutzt werden.

Für mich war all das als Kind völlig normal und in Ordnung – und für viele andere Gartenbesitzer auch – und an vielen Stellen ist es das heute noch: Nicht alles kann und muss zwangsläufig im eigenen Garten wachsen, und Mutter Erde hat auch außerhalb der vielen Gartenzäune genügend Raum und Platz für all die Pflanzen, die in den Gärten so oft unerwünscht sind. Vielerorts versorgt uns die Natur in Gottes großem Garten ganz ohne menschliches Zutun mit eben diesen Unkräutern und wir können sie nutzen und uns zu jeder Zeit an ihren wertvollen Schätzen bedienen. Ich selbst empfinde all das als wahren Segen, und je intensiver ich mich mit all den heimischen Unkräutern befasse, desto tiefer empfinde ich Demut und Dankbarkeit dafür.

Ja, und zurückblickend weiß ich: Dieses Empfinden und diese Dankbarkeit haben ihre Wurzeln tief im Garten meiner Kindheit. Denn dort ist der Samen zur Naturverbundenheit gelegt worden, der sich damit in mir schon früh entwickeln durfte. Mein Dank hierfür gilt besonders meiner Mutter und meiner Oma, die diesen Samen schon so früh in mich gelegt haben.

In der vielen und intensiv erlebten Zeit in unserem Garten wurde mir (und das ganz leicht und ganz selbstverständlich) beigebracht, wie wertvoll unsere Natur und ihre Pflanzen sind, und der kleine Samen in mir wurde damit schon bald zum Keinem gebracht! Dieser Keim ist über die Jahre hinweg zu einer kräftigeren Pflanze herangewachsen, die sich weiter ausgebreitet hat und die immer mehr Früchte trägt.

Mein Bewusstsein darüber, mit welchen Schätzen wir in unserem Garten und auch ganz allgemein in der Natur umgeben sind, ist in mir mit der Zeit immer größer und tiefer geworden. Eine fast unvorstellbare Fülle und Vielfalt an Pflanzen, die voller Kraft und wertvoller Inhaltsstoffe stecken, umgibt uns. Jede einzelne mit ihren ganz eigenen Gaben und Fähigkeiten.

Bis zu der Zeit, in der die Menschen damit begonnen haben, Pflanzen gezielt anzubauen, war das Sammeln der wild wachsenden Blätter, Wurzeln, Früchte und Samen die ganz natürliche Art der Versorgung und der Ernährung. Erst die gezielte Landwirtschaft mit dem Anbau der sogenannten Kulturpflanzen und der (mittlerweile sehr ausgeprägte) Handel damit haben uns von dieser natürlichen Weise der Versorgung entfernt. Für uns erscheint es heute viel normaler, unsere Nahrung (oft auch von weit, weit her zu uns transportiert) im Supermarkt zu kaufen, als das, was sozusagen vor der Haustür wächst, zu ernten und zu nutzen.

Doch auch heute noch dürfen und können wir Menschen uns auch außerhalb unserer Gärten (und sogar ganz ohne etwas dafür tun zu müssen) an all dem bedienen und all das Potenzial nutzen, das uns über diesen ganz natürlichen Weg gereicht wird. Und noch heute bekommen wir all das „einfach so". Und dass wir so reich von Mutter Erde beschenkt werden, ist einfach „Wunder-voll", bereichernd und „Wert-voll" für uns.

Tiefe Demut und Dankbarkeit breitet sich in mir aus, in den Momenten, in denen ich mir dies bewusst mache, in den Momenten, in denen ich die Gaben von der Schöpfung und von Mutter Erde ernte, verarbeite und nutze, und in den Momenten, in denen ich mein Wissen und meine Erfahrung weitergeben darf.

Die Schöpfung versorgt uns über die Erde mit einer Vielzahl an (Un)Kräutern. Sie alle haben eine hohe Konzentration und eine große Zahl an heilenden Inhaltsstoffen, welche unter anderem für unseren Stoffwechsel unverzichtbar sind. Die Wild- und Heilkräuter sind daher ein hervorragender Lieferant für wichtige Mineralien, Spurenelemente, Bitterstoffe und Vitamine und bieten uns eine wohlschmeckende und überaus gesunde Bereicherung unseres täglichen Speiseplanes.

Ich habe es immer wieder selbst erleben dürfen, wie sehr das eigenhändige Ernten der Pflanzen als Zutaten für ein Essen den Wert dieser Mahlzeit positiv beeinflusst. Man is(s)t einfach bewusster und wertschätzender. Bei einem Essen, dessen Zutaten ausschließlich „nur" in einen Einkaufswagen gelegt worden sind, habe ich dies noch niemals so intensiv empfinden können.

Das Verbundensein mit der Natur, das bewusste Hinwenden zur Pflanzen- und Kräuterwelt verändert und erweitert so manches: Neben den Augen, der Zunge und dem Gaumen wird auf sanfte und ganz feine Art und Weise auch so manches Herz erreicht und geöffnet, denn beim Sammeln und Ernten von Kräutern und Wild- oder Heilpflanzen ist der Fokus ganz automatisch nur darauf gerichtet, welche der Pflanzen geerntet werden sollten und was die Pflanzen uns auf diesem Weg mitzuteilen haben. Zarte und friedliche Gedanken und Empfindungen finden sich ganz wie von selbst ein. Für mich immer wieder ein sehr angenehmes und letztlich fast meditatives, immer aber ein absolut wohltuendes und entschleunigendes Erlebnis.

Ob nun beim Sammeln von Kräutern oder „einfach nur so" – jeder Aufenthalt in der Natur ist etwas Wohltuendes für uns Menschen: Wir können entspannen und werden gleichzeitig im wahrsten Sinne des Wortes geerdet. In einer Welt, in der so viele Menschen so oft und so viel „Kopfarbeit" zu leisten haben, ist dies eine sehr hilfreiche Begleiterscheinung während des Aufenthaltes in der Natur. So geben uns die heimischen Heil- und Wildkräuter nicht nur ihr Gutes für die Naturapotheke und die Küche, sondern sie bereichern auch auf anderen Wegen unser Leben.

Vielfältige Möglichkeiten durfte ich bereits erleben und erfahren, und voll Dankbarkeit sehe und wertschätze ich die Vielfalt und die Fülle der Anwendungsmöglichkeiten unserer heimischen Wild-, Heil- und Gesund-bleib-Kräuter. Ganz allgemein hat sich meine Einstellung und mein Blick auf die (Un)kräuter an sich seit meiner Kindheit hierbei merklich verändert, und die Einteilung in „gute" und „schlechte" Pflanzen ist aufgeweicht – ja, ich möchte sagen, sogar gänzlich verschwunden. Mein Interesse und mein Wissen sind gewachsen, und damit sind die Unkräuter und Wildpflanzen für mich zu wahrhaft geliebten Pflanzenfreunden geworden.

Natürlich ist ihr Nutzen, der sich in Form ihrer wertvollen Inhalts- und Wirkstoffe geschenkt wird, meist vordergründig, doch sie halten für uns auch ein weiteres wertvolles Geschenk bereit: Jede dieser wundervollen Pflanzen und Kräuter hat ihre ganz eigene Erscheinung, ihre eigene Wachstumsart, ihre eigene Struktur, ihre eigenes Sein und vermag es deshalb auch, uns auf ihre ganz eigene Weise zu erreichen und etwas in uns zu berühren.

Zu früher Zeit haben die Menschen genau über diesen Weg der Verbundenheit und des Betrachtens der Pflanzen auf deren Wirkweise geschlossen.

Viele der so gewonnenen Erkenntnisse aus der sogenannten Signaturenlehre haben sich später bewahrheitet und sind durch wissenschaftliche Untersuchungen belegt und bestätigt worden. Doch auch heute noch lohnt es sich, sich darauf einzulassen, sich mit der Pflanze auf der Ebene des Gefühls und des Herzens zu verbinden, um so die Seele der entsprechenden Pflanze zu spüren. Einer Pflanze so zu begegnen, vermag auch unser eigenes Sein zu bereichern. Durch das, was wir Menschen beim intensiven Betrachten und Fühlen der Pflanzen (zum Teil auch im eigenen Körper) spüren, und durch die Gedanken und Einfälle, die sich hierbei in den Vordergrund bringen, können wir erkennen, was über die Pflanzen *in* uns angesprochen wird. So bekommen wir durch die Pflanzen Impulse, Ideen, Klarheit und Antworten, die unser Leben zu bereichern vermögen. Ich selbst habe schon so oft diesen Austausch mit der Pflanzenwelt als überaus wertvoll, aufschlussreich und berührend empfunden, und ich durfte Menschen bei dieser so wertvollen Erfahrung einer Pflanzenkommunikation anleiten und begleiten.

Alle, die diesen Austausch mit Pflanzen einmal erlebt haben sind sich einig: Es ist ein so schönes, tiefes und bereicherndes Erlebnis, sich verbunden zu fühlen mit der alten und erfahrenen Mutter Natur und der Kraft, aus der heraus alles erwächst. Ein Geschenk, das wir zu jeder Zeit bekommen können, wenn wir bereit dafür sind, uns darauf einzulassen.

Manchmal bedarf es, um sich etwas Neuem zu öffnen eines besonderen Ereignisses oder einer Veränderung in der Lebenssituation. Und auch bei mir gab es eine Zeit, in der mein Leben sich um- und neustrukturieren musste, und mir deutlich wurde, dass es Zeit ist, Dinge in meinem Leben zu verändern. Für mich war es eine intensive und nicht immer nur einfache und leichte Phase. Doch genau in dieser Zeit wurde er für mich immer klarer wahrnehmbar, der Ruf der Natur. So intensiv, dass er nicht mehr zu überhören war, und ich spürte es ganz klar, dass dies auch der Ruf meines Herzens ist. Diesen Ruf einmal vernommen, gab es für mich nur noch den einen Weg, nämlich den, ihm zu folgen. Und ich spürte schnell, dass das Beschreiten dieses Weges gleichzeitig auch das Beschreiten des Weges weiter zu mir selbst war. Eine wunderbare und bereichernde Erfahrung hatte begonnen!

Vielleicht berühren dich[1] diese Zeilen, vielleicht erreichen diese etwas in dir, was dich spüren lässt, dass sich auch in dir, in deinem Herzen die Stimme von Mutter Erde meldet. Und wenn dem so ist, oder du dich auf einer anderen Ebene zur Natur hingezogen fühlst, so freue ich mich, wenn du dieses Buch als Unterstützung nutzt, um dich weiter auf den Weg zu den Schätzen der Natur und deinem eigenen Sein zu machen.

Im Persönlichen, wie auch bei Kräuterseminaren, Führungen, Vorträgen und Coachings habe ich viele und vielfältige Erlebnisse und Erfahrungen, gerade auch mit den sogenannten Unkräutern, machen dürfen. Mit diesem Buch möchte ich dich teilhaben lassen an meinem Wissen und an diesen bereichernden Erfahrungen.

Es gibt so unzählig viele, wunderbare (Un)Kräuter, dass sich viele Bücher damit füllen ließen. In diesem Buch jedoch möchte ich neun der wohl bekanntesten (Un)Kräuter in unseren Gärten, Parks und Feldern einen Platz geben. Vielleicht kommt bei dir die Frage auf, weshalb es ausgerechnet neun Kräuter sind, und ich will diese Frage hier an dieser Stelle gern aufgreifen und erklären.

Ehe eine Frau zur damaligen Zeit eigenständig als „Kräuterfrau" agierte, ging sie neun Jahre lang mit bzw. bei einer erfahrenen Kräuterfrau – sozusagen in die Lehre. In jedem dieser neun Jahre stand hierbei jeweils eine Pflanze im Mittelpunkt, der sich „die Neue" besonders intensiv widmete. All die wichtigen Themen rund um Wachstum, Ernte, Verwendung, Heilwirkung und auch die magischen Aspekte, Geschichten und Mythen des jeweiligen Krautes wurden so ganz besonders intensiv kennengelernt.

1 Bevor der Gedanke aufkommt, es handele sich bei der verwendeten Du-Form im Text um einen Fehlerteufel möchte ich hier folgendes dazu anmerken: So wie die Wild- und Heilpflanzen, die „Kulturpflanzen" und alle Tiere letztlich Kinder von Mama Erde sind, so sind auch wir mir ihr und allen anderen ihrer Kinder verbunden. Im Kontext dieser Verbundenheit habe ich mich innerhalb dieses Buches für das Du als Anrede entschieden.

In Anlehnung an diese Tradition habe ich mich entschlossen, genau neun Kräutern in diesem Buch einen Platz zu widmen. Natürlich wird wohl niemand aus der werten Leserschaft am Ende der Lektüre dieses Buches den Titel Kräuterfrau tragen können (die Männer mögen mir die ausschließlich weibliche Form dieses Begriffes verzeihen – doch die alten Kräuterfrauen waren nun mal Frauen), aber vielleicht trägt dieses Buch ja dazu bei, dass manches ungeliebte Unkraut letztlich auch für dich zu einem geliebten Kraut und zu einem Herzensöffner werden kann und wird.

Und noch einen Grund hat es, warum sich in diesem Buch die wohl bekanntesten Wildkräuter finden. Die Zahl der nutzbaren Wildpflanzen ist ungemein groß, und immer wieder erfahre ich von Menschen, dass genau das es ihnen schwer macht, mit dem Nutzen und Verarbeiten der sogenannten Unkräuter zu beginnen. Dabei bedarf es zum Einstieg in die Welt der Wildpflanzen zunächst nur wenig. Starten wir also einfach, starten wir mit neun der wohl bekanntesten Unkräuter, die leicht zu erkennen und gut zu nutzen sind.

Das Besondere im vermeintlich Alltäglichen

Wildkräuter und Pflanzen gab es schon lange vor uns Menschen auf dieser Erde und auch heute umgeben sie uns täglich.

Doch: Fragt man Menschen heute, welche Unkräuter sie kennen, stellt sich bei der Antwort meist schon relativ bald nach Brennnessel, Gänseblümchen und Löwenzahn eine Gedankenpause ein ... Ist das ein Phänomen unserer zivilisierten Welt?!

Menschen eignen sich oft ein großes Spektrum an Wissen an, und sie beschäftigen sich intensiv mit Dingen, die häufig für ihren Alltag und ihr Leben wenig bis gar nicht relevant sind. Es ist schön und gut, wenn Menschen diesen inhaltlichen, spezifischen Interessen nachgehen und sich mit den unterschiedlichsten Themengebieten, Phänomenen und Wissenschaften beschäftigen. Was ich dabei jedoch immer wieder beobachte, was mir auffällt und wobei ich mich frage, weshalb das so ist, ist die Tatsache, dass bei all dem Wissen und Interesse häufig das, was uns Menschen real und alltäglich in unserem Leben und unserem Sein tatsächlich umgibt, so oft außerhalb der Beachtung und des Interesses bleibt.

Es ist ein Phänomen, welches sich bezeichnenderweise auch beim Reiseverhalten von Menschen beobachten lässt. Denn auch da kennen viele Menschen „die halbe Welt", doch die schönen Orte und Landschaften in der eigenen Region, sozusagen vor der Haustür, bleiben ihnen oft weitestgehend unbekannt und werden häufig hauptsächlich zum Durch- und Dranvorbeifahren genutzt, ohne größere oder gar tiefere Beachtung zu bekommen. Eigentlich ganz nah, und doch so weit entfernt. Dabei liegt das Gute, das Sehens- und Wissenswerte oft so nah: sowohl beim Reisen als auch in der heimischen Pflanzenwelt. So finde ich es absolut interessant und wissenswert, dass die für uns Menschen so wertvollen Inhaltsstoffe von Unkraut- und Wildpflanzen wesentlich höher sind als die der angebauten und zu kaufenden Kulturpflanzen. Der Vitamin-C-Gehalt der Brennnessel zum Beispiel: Dieser ist im Vergleich zur selben Menge Kopfsalat etwa 25-30 Mal so hoch, im Vergleich zum Spinat und im Vergleich mit Orangen fast siebenmal so hoch, und im Vergleich zum Grünkohl mehr als dreimal so hoch!

Doch nicht nur im Hinblick auf das Vitamin C, auch im Bezug auf Mineralien und Spurenelemente ist die Brennnessel ein wahres Superfood, welches uns die Natur kostenfrei, unverpackt und direkt vor unserer Haustür in Hülle und Fülle zur Verfügung stellt.

Wo bekommen wir heute sonst noch so etwas Wertvolles ohne unser Zutun und ohne den Einsatz von Geld einfach so geschenkt? Und auch vor diesem Hintergrund bin ich jedes Mal wieder tief erfreut und voller Dankbarkeit, wenn ich Brennnesseln (und natürlich auch andere Wildkräuterpflanzen) sehe. Von der Brennnessel verwende ich die Blätter als Tee, als würzig schmeckendes Gemüse und auch im Salat (die Brennhaare werden hierbei einfach mit einem Nudelholz, mit dem ich über die Blätter rolle, außer Gefecht gesetzt). Und natürlich habe ich diesem Unkraut im Buch ein eigenes Kapitel gewidmet, in dem ich weiter hinten noch einmal auf diese wertvolle, herrliche Pflanze eingehen werde.

Doch mit dem Blick auf „das Große Ganze“ lade ich dich ein, den folgenden Satz einmal mit dem Herzen zu fühlen:

Wer Schmetterlinge mag, sollte auch der Brennnessel gegenüber wohl gesonnen sein.

Bis zu vierzig verschiedene Raupenarten nutzen die Brennnessel als Futterpflanze und bescheren uns damit eine große Zahl an Schmetterlingen mit ihren zarten, farbenfrohen Flügeln.

Für mich hat es sich wirklich gelohnt und mich tief bereichert, mich mit den (Un)Kräutern und Wildpflanzen näher zu beschäftigen. Nicht nur, dass sie meine Küche um phantastische Geschmackserlebnisse bereichert haben und mir bei so manchen gesundheitlichen Themen geholfen haben. Der Umgang mit den Wildkräutern ist eine wahrhafte Bereicherung auf vielen Ebenen meines Lebens geworden.

Lasse mich noch einmal an den Anfang dieses Kapitels schwenken: So, wie ich es dort an dem Beispiel von Reisen beschrieben habe, so erlebe ich es persönlich bei den heimischen Wild- und Heilkräutern. Es ist vielleicht der schnelleren, hektischeren Zeit geschuldet, in der wir Menschen uns mittlerweile befinden, vielleicht hat es auch noch weitere, andere Gründe, aber ich habe schon länger das Gefühl, dass ein Großteil der Menschen in vielerlei Hinsicht häufig recht oberflächlich lebt, „mehr in die Breite statt in die Tiefe“ sozusagen.

So vieles soll zeitgleich und möglichst schnell erledigt sein. Ja, erledigt eben und damit genau das Gegenteil von gelebt (schon alleine die Worte an sich lassen das spüren). Beim bewussten Aufenthalt in der Natur, beim Tun mit den Wild- und Heilkräutern eröffnet sich uns die Notwendigkeit, zu entschleunigen und damit auch die Möglichkeit, wieder in die Tiefe und die

Verbundenheit mit der Natur zu gehen, mit dem, was uns umgibt und so letztlich auch mit uns selbst.

Mein Blick auf das, was mich umgibt, hat sich, seit ich mich intensiv mit dem Thema der Wildpflanzen und Wildkräuter befasse, immer weiter intensiviert und verändert. Bei jedem Spaziergang und auch in meinem Leben allgemein nehme ich all dies bewusster wahr: das, was mich umgibt, und das, was dabei in mir klingt, das, was die Pflanzen und Mutter Natur durch die Gedanken, die dabei aufkommen, in mir ansprechen, und das, was sie mir damit mitteilen.

Vielleicht liest sich das für den einen und/oder die andere von euch zunächst ein wenig fremd und ungewöhnlich. Doch glaube mir: Die Pflanzen können so viel in uns auslösen bzw. anstoßen, und sie haben uns so vieles zu berichten: durch ihr Sein, ihre Struktur, ihre Vielfalt und ihr Wachstum. In den Momenten tiefer Verbundenheit scheint es fast, als teilten sie sich uns mit. Eine Verbundenheit, die sich ganz automatisch einstellt, wenn wir die Pflanzen erkennen, wahrnehmen, ernten und ganz auf sie konzentriert sind. Denn dann ergeben sich Gefühle und Gedanken in uns, die durch diese Verbundenheit, durch die Pflanze selbst, erst entstehen.

Für uns Menschen geschieht diese Art „Austausch“ zunächst oft unbemerkt bzw. unbewusst. Doch mit der Zeit kann das, was uns die Pflanze mitzuteilen vermag, bewusst wahrgenommen und wertgeschätzt werden. Ein tiefes Gefühl von Zufriedenheit breitet sich in mir aus, wenn ich spüre, dass mein Leben durch mein Zuwenden zu den (Un)Kräutern wieder mehr an Bewusstheit gewonnen hat. Die Tiefe und Verbundenheit mit dem, was mich in der Pflanzenwelt umgibt, gab mir mehr Verbundenheit mit mir selbst und meinem Sein. Ein wunderschönes und bereicherndes Gefühl!

Ein schönes Gefühl und eine erfreuliche Bereicherung ganz anderer Art sind all die Begegnungen und Gespräche mit Menschen, die mich beim Kräuterernten interessiert oder verwundert ansprechen.

So viele nette Kontakte haben sich für mich über diese Situationen bereits ergeben! Alles in allem vermögen es die Kräuter und Wildpflanzen viele, viele (neue) Türen zu öffnen! Gleichgültig, wo du zuhause bist, auch in deinem Umfeld gibt es sie, diese Türöffner und Pflanzenfreunde, zu denen ich dich nun mitnehmen und dir einiges von ihnen berichten möchte.

Pflanzen(freunden) begegnen

Es gibt sicher ganz unterschiedliche Wege, um sich Pflanzen und Kräutern zuzuwenden. Doch begegnen wir den Pflanzen doch einmal so, wie wir auch Menschen begegnen! Stellen wir uns für diese Herangehensweise einmal die (vielleicht sogar erste) Begegnung mit einem Menschen vor: Wir sehen die äußere Erscheinung desjenigen, betrachten ihn sozusagen. Und durch dieses Betrachten entsteht ein erstes Gefühl, der sogenannte „erste Eindruck". Und dieser wiederum ist es, der uns entscheiden lässt, wie groß das Interesse daran ist, mehr (oder eben weniger) über diese Person erfahren zu wollen. Danach erst beginnen wir diese Person besser kennenzulernen und etwas über ihr Sein, ihre Art, ihre „Vorzüge" zu erfahren, uns mit dieser Person näher zu befassen.

Mit einigen der Menschen, denen wir so begegnen, ergeben sich Freundschaften, und wir spüren mit der Zeit, inwieweit sie uns guttun und umgeben uns dementsprechend häufig mit ihnen. Von anderen werden wir uns distanzieren und uns von ihnen entfernen.

Und genau so dürfen wir auch den Pflanzen und Kräutern begegnen. Sie zuallererst einmal „nur" wahrzunehmen, ihr Äußeres betrachten, ihre Eigenheiten wahrnehmen, ein Gefühl für sie aufzubauen und unser Maß an Interesse an ihnen zu spüren. An diesem Punkt kann dann als Unterstützung und als zweiter Schritt ein gutes Bestimmungsbuch oder eine gute App hilfreich zum Einsatz kommen und uns mit konkreten Informationen zu dieser Pflanze weiterhelfen.

Mit dieser ganzheitlichen Herangehensweise an (neue) Pflanzen spüren wir recht intuitiv, was uns wirklich interessiert und guttut, und wir können aus dem Innern heraus eine erste Entscheidung treffen, inwieweit diese Pflanze ein wirklicher Pflanzenfreund von uns werden wird.

Bevor es nun gleich losgeht – ein kleiner und wichtiger Hinweis zum Sammeln selbst

Zunächst, und vor allem anderen, das Wichtigste im Bezug auf das Sammeln von Kräutern:

Sammle und ernte nur Pflanzen und Kräuter, die du sicher kennst!!!

Es gibt viele dienliche Kräuter in unserem Umfeld, aber es gibt ebenso viele (zum Teil auch) unbekömmliche oder giftige Wildpflanzen und so ist es wichtig, eine Verwechselung auszuschließen.

Manches Mal findet man ganz intuitiv die geeigneten Sammelorte, doch bei der Wahl, wo du deine Kräuter erntest, solltest du auch bewusst auf einige Umstände achten.

Viele der liebgewordenen Pflanzen wachsen direkt am Spazierweg, der sogenannten Hundeautobahn, am Ackerrand und an befahrenen Straßen. Pflanzen nehmen die sie umgebenden Stoffe auf, und so sollte man sich in dieser Hinsicht sehr genau überlegen, unter welchen Bedingungen und in welcher Umgebung die Pflanzen stehen und ob man sie von dieser Wachstumsstelle für sich selbst nutzen möchte. Auch bei Wiesen fernab jeglicher Straßen ist es gut zu wissen, inwieweit Dünger die Pflanzen beeinflusst. Ich gehe bei meinen Ernten immer nach dem Prinzip:

Je natürlicher, je lieber.

Das Sammeln von Kräutern ist uns (fast) zu jeder Zeit möglich. Allerdings sollte es am besten einige Tage trocken gewesen sein und die Sonne die Blätter bereits von jeglicher Feuchte befreit haben. So eignet sich ein später Vormittag gut, um mit einem Korb loszugehen, um zu finden und zu ernten. Sammle die Pflanzen in einen Korb hinein, sodass sie luftig liegen bis sie weiter verarbeitet und genutzt werden. Außerdem lässt die Struktur eines Korbes es zu, dass die mit gesammelten Käfer und Insekten ihren Weg zurück in die Natur finden, noch ehe wir das Haus erreicht haben und die Kräuter verarbeiten.

Stelle dich beim Finden und Sammeln der Pflanzen ganz bewusst auf das gewünschte Kraut und seinen Anwendungszweck (und die Person, der es dienen soll) ein. Mit dem so eingestellten Fokus steigert sich ganz automatisch die Sensibilität und die Wahrnehmung zum Finden eben dieser Pflänzchen. Und ganz nebenbei bewirkt dieses Fokussieren noch ganz etwas anderes und sehr Wertvolles: Es lässt all das, was unseren Kopf und unsere Seele gerade belasten mag, in den Hintergrund treten, blendet es vermutlich sogar ganz aus. Ich gehe in diesem Zusammenhang soweit, dass ich das Finden und Sammeln von Kräutern als etwas überaus Meditatives ansehe, denn beim Kräutersammeln ist man ganz automatisch tief bei sich und bei den Pflanzen. Es entsteht ein Eins-Sein, eine wunderbare Tiefe und absolute Entschleunigung. All das stellt sich ganz von selbst, automatisch und im Kontext des Kräutersammelns sozusagen „ganz natürlich" ein und es wird klar und deutlich spürbar: Viele Erfahrungen sind möglich beim Sammeln von Kräutern – viele, aber niemals die Erfahrung von Hektik, Stress oder Eile!

Eine absolute Bereicherung, wertvoll, natürlich und entspannend und dazu auch noch gesund! Die gesuchte Pflanzenart begegnet uns häufig in überaus großer Zahl. Diese Fülle zu spüren, ist für mich immer wieder ein Gefühl von gelebtem Reichtum, und es ist so erfreulich wie hilfreich, dass die Intuition mich deutlich spüren lässt, welche dieser Pflanzen, welche Blätter oder welche Blüten die „richtigen" für mich sind und von mir geerntet werden sollen. Dieser Intuition vertrauend entscheide ich, welche Pflanzen/Pflanzenteile ich in Dankbarkeit und mit entsprechender Achtung ernte bzw. welche ich stehenlasse.

Stehenlassen – ja, es kann geschehen, dass man beim Sammeln und Ernten in eine Art „Flow“ gerät, was ein überaus wohltuendes Gefühl ist, welches sich im gesamten Körper auszubreiten in der Lage ist. Doch auch in diesem Gefühl gilt es freilich darauf zu achten, der Natur (im Bezug auf die benötigte Menge der Kräuter) an jeder Stelle nur so viel zu entnehmen, wie sie vertragen kann. Der Fortbestand einer Pflanzenart muss natürlich auch nach unserem Sammeln weiterhin an diesem Ort gewährleistet sein.

Sammle also immer so, dass danach niemand sieht, dass an diesem Ort gesammelt worden ist. Pflanzen, die unter Naturschutz stehen, sind freilich von jeglichem Ernten oder Ausgraben ausgeschlossen!!!

All dies berücksichtigend, werden nach dem Abschluss des Sammelns genau die Pflanzen bzw. Pflanzenteile in deinem Korb sein, die dir wirklich hilfreich und wohlschmeckend sind und die dir gut tun. Vielleicht gibt es einige Leser, denen die Begegnung mit Pflanzen über den beschriebenen Weg noch fremd ist und für die einiges innerhalb des letzten Abschnittes vielleicht noch etwas befremdlich erscheint, doch glaube mir – es funktioniert.

Ein letzter und absolut wichtiger Hinweis: Das Nutzen und Verarbeiten von Wild- und Heilpflanzen ist etwas sehr Angenehmes und Gesundes. Die Berichte in diesem Buch basieren auf altem, überliefertem Wissen und eigener Erfahrung. Sie sind keine Heilversprechen und ersetzen in keiner Weise den Besuch bei einem Arzt. Jedes Sammeln, Verwenden und Nutzen der beschriebenen Pflanzen und Anwendungen durch dich geschieht also absolut eigenverantwortlich! Alle Pflanzen haben eine Wirkung! Vor dem intensiveren Nutzen von Kräuter- und Wildpflanzen ist ein Gespräch mit deinem Arzt angeraten. Dies ist besonders dann von Bedeutung, wenn du bereits gesundheitlich vorbelastet bist.

So vorbereitet kann es losgehen in die Natur und zu den kleinen, grünen, wilden, (un)geliebten Unkräutern. So wünsche ich dir nun viel Freude mit diesem Buch und viele bereichernde Erlebnisse in der Welt der (Un)Kräuter!

Gänseblümchen

Das Gänseblümchen ist es, das die Reihe der Pflanzen in diesem Buch anführen darf – ist es doch eine wahre Kinderpflanze und für die meisten von uns die erste Pflanze, der wir im Leben bewusst begegnet sind.

Das Gänseblümchen – wirklich ein ungeliebtes (Un)kraut? Wohl kaum, ist es doch in aller Regel die Pflanze, die wir meist als erste und schon ganz früh in unserem Leben bewusst als „Blümchen" wahrnehmen. Ich glaube, Kinder *lieben* das Gänseblümchen wirklich. Auch im Erwachsenenalter noch verbindet uns jede der unzähligen kleinen Blüten wieder mit dem Gefühl des Kindseins, mit der kindlichen Freude und mit dem Kind in unserem Innern.

Diese Tatsache und das unschuldig anmutende Erscheinungsbild der kleinen Pflanze ermöglicht es uns, wie kaum eine andere Pflanze, auch als Erwachsene leicht, dem Gänseblümchen als wirklichem Pflanzenfreund zu begegnen.

Setzen wir uns zu ihm und betrachten es genauer, so ist es, als strahle uns jede einzelne Blüte mit ihren weißen Blättern und dem gelbgoldenen Herz in der Mitte aus einem meist dichten Teppich Gleichgesinnter, wie eine kleine weiße Sonne entgegen. „Schau her, wie klein und zart ich bin", scheint es zu sagen, „doch bleibe noch ein wenig, befasse dich mit mir und du erkennst die Kraft, dich immer wieder aufzurichten. Der Sonne und dem Licht entgegen, denn das ist Wachstum."

Fast stolz trägt der aufstrebend wachsende Stängel das leuchtend gelbe Köpfchen mit den vielen, zarten, weißen bzw. rosa-weißen Blütenblättern.

Besonders in den frühen, als auch in den späten Monaten des Jahres lassen sich häufig auch rötliche Spitzen an den Blütenblättern finden. Und wie bei anderen Pflanzen auch, verhilft die rötliche Farbe den Pflanzen dabei, Wärme zu produzieren. Diese wärmebildende Funktion roter Blattteile wurde bereits früh auch in Versuchen, wie zum Beispiel denen des Botanikers Stahl (1848-1919) nachgewiesen.

Doch auch ohne offizielle Versuche, und „nur" bei der bewussten Beobachtung in der Natur, lässt sich dieses Phänomen erkennen. Und vielleicht ist es auch dir schon einmal aufgefallen, dass gerade unmittelbar um diese kleinen, gegen Frost stabilen Pflanzen und deren Blüten herum der Schnee ein wenig schneller weggetaut ist, obwohl die Luft von oben ansonsten doch an allen Stellen gleich kühl ist. Die Pflanze selbst ist es, die durch die Wärmebildung den Schnee wegtauen lässt.

Das Gänseblümchen ist recht resistent gegenüber kalten Temperaturen und zeigt uns auch bei tiefem Frost so manches Mal sein zartes Gesicht. Doch nicht nur den Schnee der kalten Monate bringt das kleine Gänseblümchen zum tauen, sondern es ist auch für uns Menschen eine Pflanze, die das Herz zu erwärmen in der Lage ist. Vielleicht kennst du das Gefühl und es geht dir wie mir. Denn wenn ich ein Gänseblümchen erblicke, so ist es wie ein kleiner Herzensöffner für mich, der mich augenblicklich an die Leichtigkeit längst vergangener Kindertage erinnert: an Erlebnisse mit ihm, wie zum Beispiel an das Binden von Blumenkränzchen, die aus einer großen Anzahl von Gänseblümchen entstanden sind. Behutsam wurde hierfür mit den Fingernägeln ein Schlitz in den schmalen Stängel gedrückt, durch den dann achtsam und vorsichtig der nächste Stängel geschoben wurde, in dessen Stiel dann der nächste Schlitz auf dieselbe Art und Weise gezwickt wurde. Bei dieser „Arbeit" vereinten sich ganz spielerisch so wertvolle Aspekte wie Achtsamkeit und Ausdauer.

Und auf ganz natürliche Weise entstand so, ich möchte fast sagen spielerisch und irgendwie „ganz nebenbei", eine besondere Verbundenheit sowohl mit Mutter Natur wie auch mit dem eigenen Inneren. So ermöglichten es uns die Gänseblümchenkränzchen, ganz bei uns selbst zu sein.

Von heutiger Warte aus betrachtet kann man das Herstellen der kleinen Kränzchen rückblickend sicherlich sogar als meditatives Tun bezeichnen. Kindern jedoch war und ist dieser meditative Aspekt wohl eher unwichtig und auch nicht wirklich bewusst. Bei ihnen stand und steht die eigentliche Freude im Mittelpunkt. Freude am Tun und letztlich die Freude und der Stolz, mit dem die fertigen Kränzchen wie Kronen auf dem Kopf getragen wurden. Das Kränzchen konnte verbinden mit dem Gefühl, so wie ein König oder eine Königin zu sein und sich groß und mächtig zu fühlen.

Heute, als Erwachsene, als „Große" (wie es Kinder sagen würden) schafft das Gänseblümchen erneut die Möglichkeit zu tiefer Verbindung. Mit seiner kindlich unschuldigen Art erinnert es uns an das Kindsein – doch nicht nur an das Kindsein von damals, sondern auch an das in uns lebende innere Kind.

Über das Gänseblümchen können wir gut Unterstützung dabei finden, uns in diese Thematik und das Arbeiten mit dem inneren Kind einzulassen, und es begleitet uns auch während dieser Arbeit mit seiner Art, sich immer wieder strahlend als Herzensöffner zu zeigen. Wie auch die Kinder, so wendet sich das Gänseblümchen tagtäglich dem Licht und dem neuen Tag entgegen. In England wird es daher liebevoll „Daisy" genannt, was sich allerdings nicht auf die gleichnamige Entendame von Walt Disney bezieht, sondern eine Abkürzungsform der Worte „day's eye" ist, was so viel bedeutet wie „Auge des Tages".

Wenn wir mit unseren Augen in den neuen Tag schauen wollen, so ist es tatsächlich hilfreich, auch einen Blick auf die Gänseblümchen zu werfen. Denn liegt Regen in der Luft, so lassen die kleinen Pflanzen ihre Blütenköpfchen geschlossen und es ist ratsam, beim Verlassen des Hauses einen Regenschirm mitzunehmen. Das Gänseblümchen ermöglicht uns also eine verlässliche und ganz natürliche Wettervorhersage.

Als weniger verlässlich und ungenau hingegen kann man wohl das Liebesorakeln durch das Abzupfen der einzelnen Blütenblättchen bezeichnen. Wer hat nicht selbst schon einmal jedes einzelne, kleine weiße Blättchen mit den Worten „er/sie liebt mich" bzw. „er/sie liebt mich nicht" vom Blütenkopf gezupft? Wie schnell kam ein Strahlen auf das Gesicht desjenigen, bei dem dieses Orakel das erhoffte Ergebnis brachte, und das letzte Blättchen mit den

Worten „er/sie liebt mich“ sanft zu Boden fiel. Doch auch, wenn das Ergebnis dieses Abzählrituals vielleicht einmal so ganz anders ausfallen sollte, als man es sich vielleicht erhofft hat, so vermag das Gänseblümchen auch in einer solchen Situation gute Dienste zu leisten. Mit seiner Art zu leben und zu wachsen zeigt es uns, wie wichtig und wie möglich es ist, sich nicht unterkriegen zu lassen. Das Gänseblümchen zeigt uns, wie es geht, das Leben zu leben und sich immer wieder aufzurichten.

Ja, das Gänseblümchen ist ein wahres „Stehaufmännchen“ unter den Pflanzen. Gleichgültig, ob jemand unachtsam auf es getreten ist oder ob der Rasenmäher über das zarte Pflänzchen hinweggefahren ist, das Gänseblümchen richtet sich schnell wieder auf und strahlt der Welt schon ganz bald wieder in seiner, dem Licht zugewandten Weise entgegen, so als wolle es sagen: „Schaut her, da bin ich wieder – ich lasse mich nicht so leicht unterkriegen!“ Und mit genau dieser inneren Kraft und seiner Art zu leben erinnert das Gänseblümchen auch uns liebevoll daran: Was auch immer geschehen mag, sieh die Sonne (in dir), richte auch du dich wieder auf und genieße das Leben!

Nicht nur im Außen zeigt und lebt das Gänseblümchen diese Lebenskraft. Es steckt auch in seinem Innern viel pure Lebensenergie, was sich deutlich auch in der Vielzahl der Inhaltsstoffe widerspiegelt. Man sagt, und das mit Fug und Recht, dass in einem einzigen Blütenköpfchen des Gänseblümchens mehr positive Inhaltsstoffe stecken als in einem ganzen Salatkopf.

So finden sich in ihm unter anderem folgende Inhaltsstoffe: Saponine, ätherische Öle, Vitamin C, Vitamin K, Gerbstoffe, Bitterstoffe, Schleimstoffe, Calcium, Magnesium, Kalium und Eisen. Und auch wenn es von offiziellen Stellen (der ESCOP und der Kommission E) bislang keine Bearbeitung zur medizinischen Wirksamkeit gibt, so ist doch der Nutzen dieser Pflanze seit langer Zeit hinlänglich bekannt.

So sehr, wie es die Kinder lieben, so sehr wurde das Gänseblümchen besonders auch in der Frauenheilkunde verwendet, worauf auch einige der volkstümlichen Namen des Gänseblümchens hinweisen. Wurde es doch unter anderem auch Mutterblümchen, Marienblume und Monatsblume genannt. In einigen alten medizinischen Schriften wurden Begrifflichkeiten wie Monatblume oder auch natürliche Zeit gefunden, die dort als Synonym für den natürlichen Zyklus und die Menstruation der Frauen verwendet worden waren.

Noch heute wird das Gänseblümchen mit seiner Vielzahl an nützlichen Inhaltsstoffen vielfältig genutzt. Neben der menstruationsfördernden und (auch den Unterleib) entspannenden Wirkung trägt das Gänseblümchen, besonders durch seinen Gehalt an Gerb- und Bitterstoffen, dazu bei, den Stoffwechsel anzukurbeln und sanft die Verdauung zu fördern. Mit dieser Gabe gehören die Blüten (möglichst) in jeden Frühlingssalat und in die Gründonnerstagssuppe mit hinein.

Gänseblümchen regen nicht nur den Stoffwechsel wieder an. Besonders die Saponine (Seifenstoffe) in der Pflanze verhelfen dabei, alles fest Sitzende wieder „in Fluss" zu bringen, sodass das Gänseblümchen zum Beispiel auch bei fest sitzendem Husten gern zum Einsatz gebracht wird. Hierzu wird ein Tee aus Gänseblümchenblüten verabreicht, welcher meist mit derselben Menge Spitzwegerichblätter gemischt aufgebrüht wird.

Um während und nach einer Erkrankung wieder zu Kräften zu kommen, bietet das Gänseblümchen in Form einer Gänseblümchenbutter eine gute Unterstützung. Und natürlich kann dieser schmackhafte Brotaufstrich auch außerhalb einer möglichen Regenerationszeit jederzeit genutzt werden.

In der Naturheilkunde wird das Gänseblümchen in Form von Salben, Tinkturen oder Tee auch äußerlich bei Ekzemen, Hautirritationen und Milchschorf bei Kindern verwendet. Und auch bei Verstauchungen und Prellungen greift man auf diese Pflanze zurück: unterwegs mit zerquetschten Blüten, die auf die Stelle aufgetragen werden, um die Schwellung zu minimieren, oder in der Hausapotheke zum Beispiel in Form von Globuli oder selbst hergestellter Salbe oder Tinktur.

Ja, das kleine Gänseblümchen ist schon wirklich ein Tausendsassa und hat auch mir mit einigen der bereits beschriebenen Anwendungsmöglichkeiten schon oft gute Dienste geleistet. Ich selbst bin zum Glück nur sehr selten von Herpes betroffen. Doch wenn es mich trifft, so greife ich am liebsten zum Gänseblümchen, um die lästigen Bläschen schnell wieder los zu werden. Mit den zerdrückten Blüten kommen mir die entzündungshemmende und wundheilende Wirkung des Gänseblümchens zu Hilfe. Mehrmals täglich betupfe ich die betroffene Stelle und schon bald gehören das Kribbeln und das unschöne Aussehen von Bläschen am Mund der Vergangenheit an.

All die hier aufgeführten wertvollen Einsatzmöglichkeiten des Gänseblümchens zeigen, wie viel Kraft allein in dieser einen, kleinen, und wohl uns allen bekanntesten Wildpflanze stecken. Sie ist ein gut geeigneter Türöffner, um Wildpflanzen im Alltag zu benutzen. Zum Einstieg ist es immer gut hinzufühlen, was man selbst ausprobieren mag, und dann im eigenen Tempo einzelne Dinge auszuprobieren. Und glaube mir, mit jedem kleinen gemachten Schritt wird das Verwenden der „grünen Wilden“ (wieder) selbstverständlicher und „normaler“ für uns.

Mit ein paar zarten Blüten im nächsten Salat, mit einer Butter, die mit ein paar Blüten angereichert ist, oder vielleicht mit einem Tee aus den Blüten bietet das Gänseblümchen uns dafür viele einfache Möglichkeiten. Und wer weiß, vielleicht kommen dann schon bald auch die grünen Rosettenblätter der Pflanze, die wie Feldsalat genutzt werden können, als weitere Zutat mit zu deinem nächsten Salat in die Salatschüssel.

So wie das Gänseblümchen ganz bewusst am Anfang dieses Buches steht, so ist es vielleicht nun auch für den ein und anderen der Anfang und der Einstieg in die Verwendung der Wildpflanzen in der Küche und der Kräuterapotheke.

Der Löwenzahn

Ab dem Frühjahr leuchten uns strahlend gelb die Löwenzahnblüten entgegen, fordern uns auf, sie wahrzunehmen und uns mit ihnen zu befassen. Und ja, so manches Mal fordern uns die Pflanzenfreunde wirklich nachdrücklich auf, sich ihnen zuzuwenden. Auch mich hat vor einigen Jahren der Löwenzahn „gerufen" – doch dazu weiter unten mehr. Aber folgen wir jetzt doch einmal seiner Einladung, ihn zu betrachten und uns ein wenig genauer mit ihm zu befassen.

Der Löwenzahn ist wohl eine der bekanntesten (heimischen) Wildpflanzen, die weltweit wächst und vielerorts zu finden ist. Auch wenn er im Winter noch lange auf sich und seine zarten frischen Blätter warten lässt, so erfüllt mich der Gedanke an ihn schon meist um den Jahreswechsel herum mit großer Vorfreude. Bereits früh zeigt sich seine Rosette aus den grünen gezahnten Blättern, die an das starke Gebiss des Königs der Tiere erinnern. Und diese Stärke lebt und zeigt er deutlich, wenn er sich zum Beispiel durch dicke Betonschichten seinen Weg ins Licht bahnt.

Licht und Wärme sind es dann auch, die die ersten gelben Blüten sich öffnen lassen. Wenn ich den ersten erblühten Löwenzahn des Jahres erblicke, dann breitet sich in mir eine wahrhaft kindliche Freude aus, denn wie fast keine andere der vielen Kräuter- und Heilpflanzen symbolisiert der Löwenzahn für mich neues Leben, neue Kraft, neue Chancen und endlich wieder Licht und Wärme! Es ist ein freudiges, befreiendes Gefühl, wenn der Löwenzahn nach dem grauen und mit tristen Farben einhergehenden Winter die Frühlingswiesen durch sein intensives Gelb leuchten lässt. Mutter Erde stellt uns den Löwenzahn bereits recht früh im Jahresverlauf zur Verfügung, und ich empfinde in jedem Jahr aufs Neue eine tiefe Dankbarkeit und Freude dafür.

Jeder Mensch, ja, jedes Kind kennt ihn mit seinen, den Zähnen des echten Löwen vergleichbaren, gezackten schmalen Blättern, die sich rosettenförmig auf den Frühlingswiesen zeigen. Auch wenn er an der Form seiner Blätter eindeutig zu erkennen ist, so ist doch jedes Blatt ein wenig anders. Verschiedene Gegebenheiten wie die Bodenbeschaffenheit, die Wetterbedingungen, die jeweilige Jahreszeit und natürlich der Standort haben Einfluss auf die Unterschiede in den Erscheinungsformen, die Größe und die Grünfärbung seiner Blätter. So können die Blätter zum Teil eine beachtliche Länge von bis zu 50 cm erreichen.

Der Löwenzahn ist ein wahrhafter Lebenskünstler, der sich auch an vielen, an sich unerwarteten Plätzen zeigt: Mit seiner sanften Kraft und seinen Pfahlwurzeln, mit denen er bis zu einem Meter tief in die Erde eindringt, durchbricht er Betonspalten, er wächst auf Schutt- und Geröllplätzen und sogar auf Mauern, Wegen und Straßen.

Der Löwenzahn strahlt uns damit nicht nur von grünen Wiesen, sondern auch aus dem Grau so mancher Betonwüste entgegen. So, wie er allerorts wächst, so vermag er uns auch an leicht trüben Tagen etwas von Frühling, von Sonne, von Lebensfreude und vom Licht zu vermitteln. Ihm ist sein Umfeld gleichgültig, und er lässt sich durch die Gegebenheiten im Außen nicht davon abhalten, seine Blüten und sein Licht strahlen zu lassen.

Das lichtvolle Leuchten und das Strahlen der Blüten ist es auch, weshalb der Löwenzahn in der christlichen Malerei, der Ikonographie, Jesus Christus selbst, dem Licht der Welt, zugeordnet wird. So strahlend und lichtbringend uns das Gelb auch erscheinen mag, das, was uns wie eine einzelne Blüte erscheint, ist in Wirklichkeit eine Ansammlung vieler einzelner Zungenblüten, die gemeinsam strahlen, Insekten anlocken und diesen wertvolle Nahrung bieten.

Der Löwenzahn ist ebenso kraftvoll wie sensibel. Je nach Wetter und Lichtmenge und im Rhythmus von Tag und Nacht öffnen und schließen sich die Blüten – immer wieder, solange, bis sie befruchtet worden sind. Ist dies geschehen, so vollbringt die Natur in meinen Augen eines ihrer vielen und vielfältigen großen Wunder im Kleinen. Denn aus jeder der vielen einzelnen Zungenblüten entwickelt sich ein Samenschirmchen, und über Nacht geschieht die Veränderung und aus dem Löwenzahn wird die Pusteblume.

Ein jedes Kind, und auch so mancher Erwachsene, liebt das Spiel mit diesem Samenstand. Und manches Mal scheint es, als fordere uns die Pusteblume dazu auf, doch wieder einmal ihre hellen Samenschirmchen weg zu pusten und sie auf ihre Reise zu schicken. Vielleicht einfach nur aus kindlicher Freude, vielleicht aber auch, um damit die ihr nachgesagte Orakelfähigkeit zu nutzen. Denn es gibt unzählige Mythen darüber, was geschieht und was es bedeutet, wenn noch Samenschirmchen am Köpfchen der Pflanze verbleiben, nachdem man probiert hat, sie alle weg zu pusten.

Es gibt sicherlich mindestens so viele Orakelfragen dazu wie es Samenschirmchen an einer einzelnen Pusteblume gibt. So soll es zum Beispiel etwas aussagen über die Anzahl der Jahre bis zur Hochzeit oder über die Anzahl der Kinder und noch so vieles mehr.

Für mich ist das Fortfliegen der Schirmchen immer wieder Sinnbild für die Leichtigkeit des Loslassens, denn bei der Pusteblume scheint das Loslassen ganz einfach, natürlich und voller Leichtigkeit zu geschehen. Ein heilendes Bild, wie ich meine. Und nicht grundlos gibt es an meinem Schreibtisch ein Foto von losgelassenen Pusteblumenschirmchen, um mich an diese natürliche Leichtigkeit zu erinnern.

Doch sowohl Pusteblume als auch Löwenzahn sind nur zwei der weit über 500 verschiedenen Namen, die Menschen dieser Pflanze gegeben haben: Da der Löwenzahn überall, und weltweit in den Regionen mit gemäßigtem Klima zu finden ist, gibt es diese Vielzahl von Namen. Etliche von ihnen sind sehr regionale Namen und erscheinen daher eventuell für manchen von uns auch ungewöhnlich und vielleicht befremdlich. Und doch meinen sie alle ein und dieselbe Pflanze.

So trägt der Löwenzahn zum Beispiel auch folgende Namen: Bettpisser, Feldblume, Weihschwanz, Kettenblume, Kettepösch, Mönchskopf, Augenwurz, Kuhbuschen, Kuhlattich, Milchdistel, Saublume, Scheerkraut, Ringelstock, wilde Zichorie, Franzosensalat, Bärenzahnkraut, Märzblume, Dauen, Bettseicher ... die Liste ließe sich noch lange erweitern, doch dem aufmerksamen Leser ist sicherlich der eine oder andere Name aufgefallen, der bereits Rückschlüsse darüber gibt, welche Wirkungen und Einsatzbereiche dem Löwenzahn nachgesagt werden. Besonders im noch jungen Jahr ist der Löwenzahn ein wahrer Segen. Als Zutat in unseren Speisen, vor allem in unseren Salatschüsseln, ein wunderbarer und wirkungsvoller Unterstützer bei der Frühjahrskur. Mit seinen Bitterstoffen ist er ein wahrer Motor für unseren Stoffwechsel, und seine wertvollen Inhaltsstoffe haben eine anregende, entschlackende, durchspülende und somit reinigende Wirkung. Das frische Grün und die Blüten wirken zusätzlich verdauungsfördernd und appetitanregend, und sie wirken positiv auf Niere, Galle und Leber.

Dass dies gerade nach den langen, nährstoffärmeren Wintermonaten von Bedeutung ist, das scheinen auch all die heimischen Weidetiere instinktiv zu wissen. Immer wieder beobachtet man, dass zum Beispiel Kühe und Pferde sich bei ihren ersten Ausflügen nach der ausgedehnten Stallzeit des Winters, mit Vorliebe zunächst besonders viele Blätter des Löwenzahns als frische grüne Speise gönnen.

Und auch für unseren Stoffwechsel hält der Löwenzahn eine Vielzahl von Inhaltsstoffen bereit, die ebenso hilfreich wie wichtig sind. Wie schon weiter oben erwähnt, zeichnet besonders der hohe Anteil an Bitterstoffen den Löwenzahn in diesem Zusammenhang aus. Eine ausreichende Versorgung mit Bitterstoffen ist *die* Grundvoraussetzung für einen gut funktionierenden Stoffwechsel. Leider ist der natürliche Gehalt an Bitterstoffen in unseren allgemein erhältlichen und zur Ernährung genutzten Kulturpflanzen über die Jahre immer weiter herausgezüchtet worden. Der Bedarf an Bitterstoffen kann daher über diese Nahrungsmittel oft nur noch unzureichend gedeckt werden.

Auch vor diesem Hintergrund haben viele der wild wachsenden (Un)Kräuter einen großen Nutzen für uns, da bei ihnen der natürliche Gehalt an Bitterstoffen noch gegeben ist. Der Löwenzahn hat neben diesen so wichtigen Bitterstoffen auch eine Vielzahl an Vitaminen (E, C, A). Im Vergleich zum Kopfsalat ist zum Beispiel der Vitamin-C-Gehalt des Löwenzahns bei gleicher Blattmenge fast zehnmal so hoch. Vergleicht man ihn mit herkömmlichem Spinat, so enthält er allein ein Drittel mehr Vitamin A als dieser. Weitere wertvolle Inhaltsstoffe dieser für uns so leicht verfügbaren Pflanze sind Mineralien wie zum Beispiel Kalium, Kalzium, Eisen, Inulin, Flavonoide, Carotinoide und Omega-3-Fettsäuren.

Mit all der Fülle an Inhaltsstoffen wirkt der Löwenzahn stoffwechselanregend, nierenanregend[2], entwässernd, appetitanregend, aber auch verdauungsfördernd und leberstärkend. Er „spült durch", bringt in Schwung und hilft bei Verdauungsbeschwerden und Blähungen.

Der Löwenzahn ist in allen Pflanzenteilen nutzbar. Ich selbst nutze mit Vorliebe besonders gern all die oberirdischen Pflanzenteile. Sobald er sich zeigt, kommen Blätter, Blüten und Stängel (ja, wirklich – doch dazu etwas weiter unten ein wenig mehr) mit in den Salat. Doch auch die Wurzeln finden Verwendung, und sie kommen getrocknet und zerkleinert im Herbst mit in den Tee. So schenkt uns der Löwenzahn einen großen gesundheitlichen Nutzen mit seinen vielen guten und wertvollen Stoffen und ist damit nicht nur Heil-, sondern auch Gesund-bleib-Pflanze.

Und noch ein weiteres Geschenk hält er für uns bereit, denn auch Mythen und Geschichten ranken sich um ihn und bringen uns der Pflanze über diesen Weg näher. Der wohl bekannteste Mythos ist wohl der alte Irrglaube, dass der Saft/die „Milch" aus dem Blütenstiel des Löwenzahns giftig sei. Und ja, auch ich habe das in der Kindheit von dem einen oder anderen Erwachsenen zu hören bekommen, der von diesem Irrglauben auch wirklich überzeugt war.

Kinder wurden schon vor langer Zeit vor dem Gift im Stängel der von uns Kindern so geliebten Pflanze gewarnt. Fakt ist jedoch, dass der Saft aus den Stängeln lediglich hässliche Flecken in der Kleidung hinterlässt. Etwas, das in der heutigen Zeit kein großes Problem darstellt, und auch ich bin bereits in der Zeit der elektrischen Waschmaschinen aufgewachsen. Doch in weiter zurückliegenden Zeiten war es schwer, diese hartnäckigen Pflanzensaftfle-

2 Zwar werden Niere und Blase gestärkt, jedoch sollten bei Nieren- und Gallenerkrankungen Löwenzahnzubereitungen nicht genutzt werden. Ebenso wie bei einem vorliegendem Darmverschluss.

cken zu entfernen. Vermutlich ist eben das der Grund für das Entstehen dieses Mythos, der Kinder bzw. deren Kleidung vor dem Saft und damit dem Entstehen der Flecken fernhalten sollte. Und, wie mit so vielen anderen Mythen und zum Teil längst widerlegten Irrglauben, halten sie sich auf wundersame Art fest in den Köpfen der Menschen.

Dass dies jedoch nur ein Irrglaube sein kann, zeigt die Tatsache, dass es in einigen Kurkliniken bereits Löwenzahnstängel-Kuren gibt. Diese versorgen auf besondere Weise den Körper mit Bitterstoffen und regen den Stoffwechsel an. Die Löwenzahnstängel-Kuren dauern klassisch knappe drei Wochen: Mit Tag 1 beginnend wird bis Tag 10 täglich jeweils ein Stängel mehr gegessen. Ab Tag 11 wird dann jeweils wieder um einen Stiel reduziert, bis nach dem letzten einzelnen Stängel die Kur als abgeschlossen gilt. So sind auch diese Kuren, bei denen die Stängel der Pflanzen gegessen werden, ein deutlicher Hinweis darauf, dass das Märchen der giftigen Stängel eben doch nichts weiter als eben nur ein Märchen ist.

Märchen werden gern in Zusammenhang mit Hexen gesehen, und natürlich war der Löwenzahn auch für die Hexen der alten Zeit ein gern genutztes Kraut. Auch sie wussten um den Nutzen und den Zauber des Löwenzahnes. Und, sind wir ehrlich, erinnert Taraxacum officinale, der lateinische Name des Löwenzahns, nicht schon irgendwie an Worte wie aus einem Zauberspruch?

Und vermutlich haben die Hexen der damaligen Zeit viel Zauber betrieben. ;-) Ein alter Hexenglaube zum Beispiel besagt, dass sich denen, die sich mit Löwenzahn einreiben, all ihre Wünsche erfüllen werden.

Ja, es gibt viel über den Löwenzahn zu erzählen, doch auch er selbst ist in der Lage, zu erzählen, zu berichten und Impulse zu geben. Wie ich selbst genau das im Rahmen meiner Ausbildung zur Wildkräuter- und Naturpädagogin erleben durfte, dazu findest du hinter dem Rezeptteil einen Ausschnitt aus meinem Bericht zum Jahresprojekt rund um den Löwenzahn (siehe Seite Seite 107).

Die drei deutlichsten Themen, die der Löwenzahn verkörpert, sind sicherlich:

- tiefe Verwurzelung und innere Stärke wie die eines Löwen,
- Mut zu gelebter Veränderung und
- die natürliche Leichtigkeit des Loslassens.

Wie ich den Löwenzahn nutze

Ich selbst nutze besonders gern Blätter und Blüten des Löwenzahns, doch auch Wurzel und Stängel können verwendet werden. Wenn es bei mir zu Hause Salat gibt, so gehören sowohl die (möglichst jungen) Blätter wie auch, solange verfügbar, die Stiele (wie bei der Verwendung von Schnittlauch einfach in kleine Röllchen geschnitten) und die strahlend gelben Blüten dazu. Für manch einen Menschen fühlt es sich unangenehm an, auf die Blüten zu beißen, was auch mich immer dazu veranlasst, die Blüten für den Salat zu zerteilen. Weil natürlich auch in der Wildkräuterküche das Auge mit isst, kommen zu Dekorationszwecken einige ganze Blüten zusätzlich dazu. Wie bei allen Wildpflanzen, so gilt auch beim Löwenzahn der Hinweis, am besten mit kleinen Mengen zu beginnen – grundsätzlich, aber auch in jedem Frühjahr aufs Neue.

Blätter und Blüten verwende ich weiterhin für:

- Kräuterbutter, Kräutersalz
- Tee und
- Tinkturen.

Für die Herstellung von Löwenzahnsirup/-honig und, da Löwenzahn ja sowohl appetitanregend als auch verdauungsfördernd ist, auch für Löwenzahnschnaps nutze ich die weit geöffneten Blüten.

Die Brennnessel

Mit der Brennnessel treffen wir auf eine alte Bekannte. Ihr begegnen viele Menschen nicht nur achtlos, sondern zum Teil sogar mit purer Missachtung.

Doch setzen wir uns zu ihr und schauen wir einmal genauer hin, zu dieser so weit verbreiteten Pflanze: Jede einzelne Pflanze wächst immer gerade und aufrecht. Jeder Stiel ist aufstrebend und wächst kraftvoll dem Licht entgegen. Am stets vierkantigen und vierseitigen Stiel und auch an den herzförmigen, grob gesägten Blättern finden wir häufig neben dem satten Grün der Blätter auch rötliche Anteile. Dieses Rot symbolisiert die feurige Kraft und Energie, die diese Pflanze in sich trägt und die sie uns liefert.

Wer sich mit Wild- und Heilkräutern befasst, der wird feststellen, dass jede Pflanze auch eine Zuordnung zu Planeten hat. Und mit der Farbe rot weist die Brennnessel deutlich darauf hin, dass sie dem roten Planeten Mars zugeordnet ist. Beide gelten als kraftvoll und kraftgebend. Ich selbst bin im Bereich der Astrologie wenig bewandert, im Bezug auf die Brennnessel aber kann ich es nur bestätigen, dass diese Pflanze ein wahrer Kraft- und Energiegeber ist und damit eine äußerst positive Bereicherung für das Leben und die Gesundheit für uns Menschen darstellt.

Jede einzelne Pflanze weist bei ihrem Wachstum ein hohes Maß an Struktur auf. Die Stängel der Brennnessel wachsen immer vierseitig und vierkantig, ihre Blätter kreuzgegenständig. Aus den Sprossknoten gibt es jeweils vier Nebenblättchen, die aus ihnen wachsen, und auch bei den Blüten- und Samenständen trifft man wieder auf die Anzahl vier. Die Vier ist eine bedeutende Zahl, die wir auch in anderen Bereichen immer wieder vorfinden: vier Jahreszeiten, vier Himmelsrichtungen und vier Elemente. In der Numerologie steht die Vier für Ordnung, Struktur, Erdverbundenheit und Stabilität. Und genau das zeigt sich auch bei der Brennnessel: Freilich ist die Brennnessel sehr erdverbunden und für sich selbst sorgt sie mit ihren wehrhaften Brennhaaren für Ordnung in ihrem eigenen Raum. Ihre zarten, relativ dünnen Blätter erscheinen optisch zerbrechlich und schwach, doch tragen sie zum Schutz ihre Brennhaare, die wie kleine Stacheln oder Dornen anmuten. Für mich vereinen sich in ihrem Erscheinungsbild Zartheit und Stärke. Und man muss sie zu nehmen wissen, um sich ihrer zu bedienen und sie nutzen zu können.

Eine Brennnesselpflanze wächst im Prinzip nie als eine alleinige Pflanze. Wo sie wächst, trifft man die sogenannte Ruderalpflanze zumeist in großen Gruppen an. Wir alle sind ihr schon oft begegnet, haben ihre Wehrhaftigkeit gespürt und womöglich dabei ihre Zartheit übersehen. So lohnt es sich also, sich wirklich einmal zu ihr zu setzen und sie vielleicht ganz neu kennen und lieben zu lernen. Ich selbst brauchte eine ganze Weile, um die Brennnessel auch in dieser Zartheit zu erkennen, denn auch sie ist eines der Unkräuter, die es aus dem Garten meiner Kindheit zu verbannen galt. Mittlerweile ist diese wehrhafte Pflanze ein wirklicher Pflanzenfreund und eines meiner Lieblingswildkräuter, wenn nicht gar DAS Lieblingskraut für mich geworden.

Klar, die erste Begegnung mit dieser Pflanze ist für die meisten von uns wohl eher wenig erfreulich gewesen und häufig mit schmerzhafter Erinnerung verbunden. Kindern wird geraten, sich von ihr fern zu halten und sie zu meiden. Für sie ist dies vielleicht ein guter und schützender Hinweis, denn der Kontakt mit ihren Brennhärchen, die an Stängeln, Blättern und später (mit einer Lupe) sogar an den Blüten zu erkennen sind, ist eine unangenehme Erfahrung, die sicher jeder schon gemacht hat. Doch das ist nur die eine Seite der Brennnessel, und wäre sie nicht so wehrhaft, wer weiß, vielleicht hätten wir Menschen sie längst ausgenutzt, und aufgebraucht. Denn ihr Wert und ihr Nutzen sind enorm groß.

Schaut man auf all die wertvollen Inhaltsstoffe, so würde die Brennnessel heute sicherlich mit dem Begriff Powerfood deklariert werden: 100 g Blätter enthalten mit etwa 330 mg Vitamin C etwa 24 Mal so viel Vitamin C wie Kopfsalat (ihm schreibt man etwa 14 mg Vitamin C bei 100 g Blattanteil zu). Auch enthält die Brennnessel fast doppelt so viel Eisen wie Spinat, sechs Mal soviel Calcium wie Mangold und zusätzlich viele weitere Mineralien,

Spurenelemente und einen hohen Anteil an Chlorophyll. Bei all diesen guten, heilenden und gesunderhaltenden Inhaltsstoffen ist sie eine Pflanze, die sich überall finden lässt. Denn dort, wo Menschen siedeln, lassen sich immer auch Brennnesseln finden. In den Gärten, um Häuser herum und in der Nähe der Ställe.

Die Brennnessel bedarf nährstoffreicher Böden, welche es im Umfeld von Menschen und Tieren immer gibt. Man könnte soweit gehen und sagen, dass die Brennnessel von den Abfällen unseres Überflusses zehrt. Denn dort wo Menschen leben, bildet sich organisches Material ebenso wie Stickstoff, und das alles ist die Grundlage für ein positives Wachstum der Brennnessel.

Sie loswerden zu wollen, ist ein schwieriges Unterfangen, denn die Brennnessel bildet unterirdisch Rhizomen, die in der Lage sind, aus jedem kleinsten Stückchen eine neue Pflanze wachsen zu lassen.

So ist sie gegen Ausrottung gut gewappnet, und für mich macht es den Anschein, dass sie ihre ganz eigene Vorstellung davon zu haben scheint, wo sie sich ausbreiten, ansiedeln und bleiben mag. Alle Versuche, sie wegen ihres großen Nutzens für uns Menschen kultiviert anzubauen, sind bislang immer wieder gescheitert. Eine Tatsache, die, wie ich finde, wieder einmal verdeutlicht, wie stark die Natur (auch mit ihren kleinen und kleinsten Lebensarten) ist, und dass wir Menschen über so manches wohl niemals herrschen und bestimmen werden können. So zeigt uns Gottes Schöpfung auch und gerade an der Brennnessel, wie groß, stark und mächtig und dennoch liebend, gebend und nährend Gott ist.

Groß und stark im Kleinen ...
Zartheit und Stärke ...
Im gleichberechtigten Nebeneinander von männlich und weiblich.

Dieses Nebeneinander der Geschlechter trägt die Brennnessel auch in ihrem lateinischen Namen Urtica dioica. Er besteht sowohl aus dem Wortteil Urtica, welches vom Verb urere kommt und so viel wie brennen bedeutet und dem Wortteil dioica – von di (zwei) und oikos Haus. Zwei Häuser, weil es von der Brennnessel tatsächlich sowohl weibliche als auch männliche Pflanzen gibt. Sie wachsen als Pflanzen geschlechtlich getrennt voneinander und dabei dennoch oft dicht beisammen. Das Geschlecht der einzelnen Pflanzen lässt sich erst zum Zeitpunkt der Blüte bzw. der Samenbildung festmachen. Bis zu dieser Wachstumsphase sehen beide Pflanzen gleich aus.

Die Blüten sind unscheinbar. Sie sind weder farbig, noch duften sie, noch tragen sie Nektar in sich. Samen tragen die weiblichen Pflanzen. Sie bilden die kleinen, leicht kantigen Nüsschen aus, die im Herbst geerntet werden können und mit ihren wertvollen Inhaltsstoffen eine gut haltbare Bereicherung der Ernährung in Herbst und Winter bilden.

Wie um fast alle Kräuter und Wildpflanzen, so ranken sich auch um die Brennnessel Sagen, Mythen und Geschichten. So sagte man ihr nach, dass in einer Pflanze, die „brennt“ Dämonen hausen. Diese spielten ihr Spiel besonders mit den Frauen, die ihrer pflanzlichen Behausung zu nahe kamen: Sie ließen deren Körper kribbeln und die Erregung des ganzen Körpers steigern. Nur Jungfrauen war es der Sage nach möglich, den kleinen Dämonen unbeschadet zu begegnet. Nur Jungfrauen konnten angeblich die Blätter der Pflanze unbeschadet berühren. Und konnte man einem der kleinen Dämonen eines seiner drei goldenen Haare entnehmen, die diesen auf dem Kopfe wuchsen, so wurde man damit in die Lage versetzt, Steine in Gold zu verwandeln.

Ich selbst habe leider nie eines der goldenen Haare entdeckt oder gar bekommen können, aber zu dem Teil der Geschichte, in dem es um das Jungfrausein geht, kann ich aus eigener Erfahrung (und als Mutter von zwei Kindern) sagen, dass auch Nichtjungfrauen die Pflanze ernten können, ohne ihre unangenehme Waffe spüren zu müssen. ;-)

Denn einzig und allein das Wie ist dabei der Schlüssel. So sagte schon der deutsche Dichter und Lyriker Friedrich Rückert (1788- 1866)

„Wenn ihr an Nesseln streifet
So brennen sie.

Doch wenn ihr fest sie greifet,
sie brennen nie.
So zwingt ihr die Feinen,
auch die gemeinen Naturen nie.
Doch presst ihr wacker
wie Nussknacker,
so zwingt ihr sie."

Er hat also mit diesen Zeilen schon früh Klarheit zu dem alten Jungfrauenglauben hergestellt, denn so, wie sich die Brennnessel selber nach außen zeigt – robust, stark und kräftig – so möge man sie auch beim Ernten behandeln. Wer beherzt und kräftig zufasst und in Richtung der Spitze der Blätter streicht, dem fügen die Härchen kein Leid zu. Klar mag es zunächst ein wenig Überwindung kosten und wie eine kleine Mutprobe erscheinen, aber es funktioniert.

Allerdings kommt es bei dieser Art des Erntens auch darauf an, wirklich aufmerksam bei der Sache zu sein. Die Brennnessel verlangt Achtsamkeit und deine ungeteilte Aufmerksamkeit. Die kleinste Unaufmerksamkeit oder Ablenkung nutzt die Pflanze augenblicklich, um dich mit Hilfe ihrer Brennhärchen zurück ins Hier und Jetzt zu bringen.

Die Brennhaare haben einen dickeren unteren Teil und werden nach oben hin schmaler. Das obere Ende schließt mit einer Art „Köpfchen" ab, unterhalb dessen sich eine Art Sollbruchstelle befindet, welches bei Berührung abbricht. Hierdurch werden die innen liegenden Stoffe freigegeben. Neben der bekannten Ameisensäure findet man in dem Gemisch auch Histamin, Serotonin und einige weitere Stoffe, die für die brennend juckende Reaktion auf der Haut verantwortlich sind.

Diese Wirkweise der Brennhaare ist es auch, die dazu führte, dass die Brennnessel auch als Pflanze brennender Liebe gilt. Zu früherer Zeit wurden ihre Stiele mit den Blättern daran zum „Liebesgeißeln" verwendet: Sich mit Brennnesseln zu schlagen durchblutet die getroffenen Stellen des Körpers enorm stark und gibt über Stunden hin ein enormes Wärmegefühl und

Hautkribbeln, und auch die allgemeine Erregung steigere sich. So wurde der Brennnessel und in ganz besonderer Weise auch ihren Samen eine aphrodisierende, Lust steigernde Wirkung zugesprochen. Und wohl genau aus diesem Grund war diese Pflanze und ihre Verwendung in einigen der mittelalterlichen Klöster lange Jahre streng verboten.

Wenn man die Brennnessel auch zeitweilig vergebens auf manchem Klostergelände gesucht hat, so war und ist sie jedoch in einigen Märchen aller Zeiten zu finden. In Hans Christian Andersens Märchen „Die wilden Schwäne", und ebenso in dem Märchen „Die sieben Raben" der Brüder Grimm müssen, um die verzauberten Brüder zu erlösen, mit bloßen Händen Hemdchen aus Brennnesselfasern gemacht werden. Auch in dem Klassiker „Les Misérables" spielt die Brennnessel zur Stoffherstellung eine wichtige Rolle.

Die langen, aufrecht wachsenden starken Stiele der Brennnesselpflanzen wurden lange zur Stoffherstellung verwendet. Sowohl Seile, Segel, Netze und Stoffe wurden aus ihren Fasern gefertigt. Auch heute noch wird Nesselstoff noch teilweise zur Textilherstellung verwendet und ist eine gut zu tragende und robuste Alternative zur Baumwollbekleidung.

Ich finde es immer wieder faszinierend, wie stabil diese Faser ist, und auch die Teilnehmer/innen bei den von mir geleiteten Kräuterkursen und Workshops haben Freude daran, Schnüre und Bänder aus den Fasern der Stängel herzustellen. Hierzu werden möglichst lang gewachsene Stiele von ihren Blättern, welche dann in der Kräuterküche verarbeitet oder für Tee getrocknet werden, befreit.

Der Stiel wird dann behutsam mit einem stumpfen Gegenstand geklopft, die einzelnen langen Fasern/Faserstränge anschließend miteinander verdreht und mit etwas Öl geschmeidig gemacht. Diese Bänder lassen sich als Armbändchen oder Ähnliches nutzen und sie halten erstaunlich lange. Bänder und Schnüre erfreuen uns also noch heute und lassen uns bei der Herstellung derselben mit der Pflanze und ihrer Struktur in Berührung kommen.

Was heute eine nicht wirklich notwendige Beschäftigung ist, war zu früherer Zeit äußerst wichtig. Denn lange Zeit war die Brennnessel eine der wichtigsten und gut verfügbaren Faserpflanzen. So lange, bis sie von der besser zu verarbeitenden Baumwolle abgelöst wurde.

Im ersten Weltkrieg erlebte die Brennnessel im Bezug auf die Stoffherstellung jedoch eine Renaissance, denn die Menge der verfügbaren Baumwolle war für die Herstellung der vielen benötigten Uniformen zu gering und so griff man auf die Nessel zur Stoffherstellung zurück.

Viel jünger als der erste Weltkrieg ist die Zeit, in der in Frankreich der sogenannte Brennnesselkrieg stattfand. Wie auch anderswo auf der Welt, so haben auch in Frankreich seit jeher Gärtner und Bauern die Brennnessel genutzt, und sie, wie es auch heute noch viele Kleingärtner tun, als Brennnesseljauche angesetzt. Die Bauern wussten um den positiven Nutzen dieser Jauche, und am gesunden Wachstum ihrer Pflanzen konnten sie sehen und erleben, wie gut es ihren Nutz- und Kulturpflanzen tut.

Brennnesseljauche wirkt rein biologisch gegen Schädlingsbefall, bereichert den Boden wie ein Dünger und stärkt das Immunsystem der Pflanzen, auf die sie ausgebracht wird. Und das ganz natürlich und ohne den Einsatz weiterer chemischer Dünge- und Schädlingsbekämpfungsmittel.

Im Jahre 2002 wurden dann in Frankreich die Herstellung und vor allem der Vertrieb von Brennnesseljauche gesetzlich verboten. Die Strafen für Missachtung waren hoch und lagen neben extrem hohen Geldstrafen auch bei bis zu zwei Jahren Haft! Das Unverständnis und die Gegenwehr waren groß. Dennoch wurde 2006 das Gesetzt erneut bestätigt. Es wurde sogar erweitert und verschärft. Auch die Weitergabe von Wissen, Erfahrungen und Kenntnissen wurde verboten.

Die Brennnessel wurde als „Phytopharmaka ohne Marktzulassung“ deklariert und somit fortan verboten. Man wisse zu wenig über gegebenenfalls vorhandene negative Auswirkungen bei der Nutzung dieser Pflanze und die Auswirkung auf die Umwelt. Und ohne wissenschaftliche Studien und

Beweise zu dieser Thematik müsse das Verbot zum Schutz vor etwaigen Schäden aufrecht erhalten bleiben, hieß es.

Zwar stimmt es, dass es über den fermentierten Extrakt (Brennnesseljauche) bislang keine wissenschaftlichen Studien gab, aber die Erfahrungen vieler Generationen in ihren Gärten und die positive Auswirkung auf deren Pflanzen sprechen sicherlich für sich. Erst im Jahr 2011 wurde das Verbot, zu dem es all die Jahre viel Gegenwehr aus den Reihen der Bauern und Gärtner gegeben hatte (endlich) gekippt und aufgehoben.

Nicht nur bei unseren Nachbarn in Frankreich, auch in den anderen Ländern weiß man, auch ohne wissenschaftliche Studien, schon lange um den Nutzen der Brennnesseljauche und sie kommt in vielen Gärten auch hierzulande zum Einsatz. Ihre Herstellung ist einfach und ihre Zutaten schenkt uns Mutter Natur: Ein Holz- oder Kunststoffgefäß (Metallgefäße sind hierbei ungeeignet, da im Zusammenspiel der Flüssigkeit und des Metalls chemische Prozesse stattfinden) wird mit den frisch gejäteten Brennnesseln voll befüllt und die Pflanzenteile dann (möglichst mit Regen-) Wasser bedeckt. Ein über den Behälter gelegter Draht oder ein Gitter bietet Schutz vor anderem Laub und auch Tiere haben so mehr Sicherheit, um nicht (versehentlich) in die Flüssigkeit zu stürzen und in dem Sud zu ertrinken.

Um eine ausreichende Sauerstoffzufuhr zu gewährleisten, wird der Sud täglich einmal durchgerührt, bis nach einiger Zeit die Gärung beginnt, bei der sich Schaum und Bläschen bilden. Ein unangenehmer Geruch breitet sich aus (also am besten die Jauche im hintersten Winkel des Gartens ansetzen). Nach etwa zwei bis drei Wochen ist dieser Prozess abgeschlossen und die Brennnesseljauche kann im Garten zum Wohle der Pflanzen eingesetzt werden.

So wertvoll die Brennnessel für die Menschen war und ist, so ist sie auch für viele Insekten und Raupen absolut wichtig. Sie bietet ihnen wertvollen Lebensraum, und mit ihren Brennhaaren einen wichtigen Schutz vor Fressfeinden. Auch wenn ich es eingangs schon geschrieben habe, soll es an dieser

Stelle noch einmal gesagt sein: Bis zu vierzig verschiedenen Raupenarten bietet die Brennnessel Schutz und Nahrung.

Schon allein vor diesem Hintergrund wäre es also im Sinne dieses so wichtigen Insektenlebensraumes begrüßenswert, wenn Gärtner beim Jäten dieses (Un)Krautes einen Teil der Brennnesselpflanzen (vielleicht in irgendeiner Ecke des Gartens) bewusst verschonten und stehen ließen.

Ich selbst habe die Brennnessel wirklich lieben gelernt, und wenn man sie „zu nehmen weiß", bedarf es noch nicht einmal Handschuhen zum Schutz gegen diese Pflanze. So „grob" sie sich nach außen gibt, so mag man sie auch selbst behandeln. Denn wenn man beim Ernten der Blätter beherzt und in Richtung der Blattspitze zufasst, umgeht man das, zugegebenermaßen unangenehme Brennen. Natürlich ist es schon eine Art kleine Mutprobe, aber aus Erfahrung kann ich für mich persönlich sagen, dass es funktioniert. Im Umgang mit dieser herrlichen Pflanze benutze ich selber so gut wie gar keine Handschuhe mehr.

Und wenn man schon Kindern den Umgang mit dieser wertvollen Pflanze zeigt, so erfüllt es sie mit viel Stolz und einer guten Portion Selbstbewusstsein, wenn sie (besonders im Zusammensein mit älteren Kindern oder gar Erwachsenen) die Blätter der Brennnessel ganz selbstverständlich anfassen, ernten und vielleicht sogar essen, ohne den „Schaden des Verbrennens" dabei zu erleiden.

Die starke wehrhafte Pflanze erinnert uns mit ihrem Sein daran, aufrecht und stark zu sein und sich den eigenen Raum nehmen zu dürfen. Sie lässt nur die Menschen unbeschadet an sich heran, die sie achten und die sie mit ungeteilter Aufmerksamkeit zu nehmen wissen. Alle anderen hält sie sich fern. Und letztlich erinnert uns die Brennnessel in ganz spürbarer Form immer wieder daran, wie gut es ist, im Hier und Jetzt zu sein, und sie vermag es auch, uns durch den Kontakt mit ihr schnell wieder genau dorthin zurück zu bringen. ;-)

Wie ich die Brennnessel nutze

Ich verwende die Blätter mit Vorliebe als Gemüse, welches ich wie Spinat zubereite. Wem der Geschmack eines puren Brennnesselgemüses zu intensiv ist, kann Giersch oder Spinat mit verwenden. Auch auf Gemüsekuchen, Tartes und in Aufläufen finden die Blätter der Pflanze bei mir Verwendung.

Selbst hergestellte Brennnessellimonade und Brennnesselbrot sind unter anderem eine hervorragende Bereicherung für ein Buffet. Die wertvollen Inhaltsstoffe der Brennnessel lassen sich durch das Sammeln und Trocknen der Samen hervorragend auch im Winter nutzen.

Die Brennnessel wächst, wie schon weiter oben beschrieben, zweigeschlechtlich. Es gibt weibliche und männliche Pflanzen, die man an ihren Frucht- bzw. Blütenständen voneinander unterscheiden kann. Die männlichen Blütenstände wachsen aufrecht stehend. Die einzelnen Blütchen erinnern dabei an kleine runde Kügelchen. Sie erhalten die Pollen, die vom Wind weitergetragen werden.

An den weiblichen Pflanzen bilden sich die Samen, welche im Vergleich zu den männlichen Blütenständen eher hängend wachsen. Die einzelnen Samen sind eckig und kantig im Vergleich zu den rund geformten Blüten der männlichen Pflanzen.

Diese Samen können ab dem Spätsommer, am besten, wenn sie beginnen, sich leicht bräunlich zu färben, geerntet und getrocknet werden. Diese Samen sind eine hervorragende Proteinquelle und liefern als wertvolle Inhaltsstoffe neben den Vitaminen C, A, B, E auch viele Mineralstoffe wie Eisen, Kalium, Kalzium. Auch Carotinoide und Chlorophyll weisen sie auf. Des Weiteren befindet sich in ihnen ein hoher Anteil an ungesättigten Fettsäuren, wertvolles Öl und Linolsäure.

Die hohe Zahl der wertvollen Inhaltsstoffe wirkt sich positiv auf unseren Körper aus. Der tägliche Löffel Brennnesselsamen gibt, wie jedes Superfood es sollte, Energie und Power und hilft bei Müdigkeit und Abgeschlagenheit. Die leicht nussig schmeckenden Samen nutze ich als Zugabe zu Salaten, in Joghurts, Müslis und ich verbacke sie in Brot und anderem Gebäck.

Schon seit alters her wird den Brennnesselsamen eine aphrodisierende Wirkung nachgesagt, was im Mittelalter dazu führte, dass der Verzehr von ihnen in einigen Gegenden den Nonnen und Mönchen seitens der Kirche verboten war, und Brennnesseln innerhalb der Klostermauern nicht wachsen durften.

Heute ist das Nutzen der Brennnessel sowie ihrer Blätter und Samen zum Glück nirgends mehr verboten, und wir können sie jederzeit und fast an allen Orten zu unserem Wohle nutzen.

Giersch

Natürlich muss in einem Buch über die (un)geliebten (Un)Kräuter auch der Giersch genannt werden und ein eigenes Kapitel bekommen. Ist er doch für viele Gartenbesitzer ein absolut unbeliebtes Kraut, dem in so manchem Garten wahrlich ein Kampf angesagt worden ist.

Dem Giersch unvoreingenommen und vorbehaltlos entgegenzutreten, ist daher (fast) unmöglich. Ihm offen zu begegnen, bedeutet in der Regel, erst einmal Vorurteile abzubauen. Etwas, was er uns mit dieser seiner Art vielleicht auch ganz beiläufig zu lehren vermag.

Ist die Sache mit den Vorurteilen ihm gegenüber jedoch erst einmal geschafft und sein Wert und sein Sein erkannt, so gelingt es meist, ihn auch wirklich zu lieben. Bereits im März treibt der Giersch sein neues, zartes, helles, glänzendes Grün aus und erobert sich schnell und raumgreifend seinen Platz.

Ich selbst hatte erst spät meine erste Begegnung mit dem Giersch. Lange war mir diese Pflanze gänzlich unbekannt. Denn auch, wenn es in dem schon oft erwähnten Garten meiner Kindheit wirklich viele „Unkräuter" gegeben hatte, der Giersch gehörte nicht dazu. Und scheinbar war auch bei den anderen Gartennachbarn Giersch kein wirkliches Thema – zumindest erinnere ich mich nicht daran, dass hier von ihm gesprochen worden wäre. So war ich also tatsächlich schon lange erwachsen, als ich dieser Pflanze zum ersten Mal bewusst begegnet bin. Dabei ist der Giersch eine weit verbreitete Pflanze, die sich an Wald- und Wegrändern, an Böschungen und häufig in der Gesellschaft von Brennnesselpflanzen finden lässt. Sie ist heute ein fester Bestandteil in meiner Kräuterküche und ein wahrer Pflanzenfreund für mich geworden.

Während das Wort Giersch nicht wirklich vielsagend ist, so sagt sein lateinischer Name Aegopodium podagraria bereits einiges Interessantes und Wissenswertes über diesen Doldenblütler aus. So bezieht sich der Namensteil Aegopodium auf die griechischen Worte für Ziege/ziegenfüßig. Schaut man sich bei der Begegnung mit diesem Pflanzenfreund seine Blätter an, so versteht man schnell, woher diese Bezeichnung stammt, denn seine Blätter ähneln in ihrer Form dem Abdruck eines Ziegenfußes auf der Erde.

Der Namensteil Podagraria bezieht sich den lateinisch-griechischen Begriff Podagra und bedeutet übersetzt so viel wie Gicht. Bei eben dieser wurde und wird das Kraut auch als Heilpflanze eingesetzt und gab ihr damit, neben Namen wie Geißblatt, Ziegenkraut, Weißholler und Bodenholunder auch die Namen Zipperleinskraut und Gichtkraut.

Alle Gelenkschmerzen und Probleme bei der Beweglichkeit der Gelenke fielen in früherer Zeit unter den Begriff der Gicht bzw. der „Zipperlein", und zur Behandlung derselben wurde das Zipperleinskraut samt der Stiele zerstoßen und als Pflanzenbrei in Form von Wickeln auf die betroffenen Gelenke aufgelegt, um seine Wirkung zu tun. Parallel hierzu wurde meist noch ein Tee aus den Blättern zusätzlich verabreicht.

Auch bei Ischiasbeschwerden, Rheuma und Krampfadern an den verschiedensten Stellen des Körpers kam der Giersch in der Volksheilkunde zum Einsatz. Seiner ihm nachgesagten Heilwirkung, besonders beim Zipperlein der Gicht, verdankt es der Giersch, dass er sogar gezielt Einzug gehalten hat in etliche Klostergärten der früheren Zeit.

Hat sich der Giersch einmal in seiner kraftvollen, quicklebendigen Weise (im wahrsten Sinne des Wortes) breit gemacht, so war es, gleichgültig ob im heiligen Klostergarten, dem Bauerngarten oder einem anderen Garten, eine schwierige Aufgabe, ihn von dort wieder zu verbannen. Und früher wie heute scheint es manches Mal einfacher, Frieden mit ihm zu schließen, statt gegen ihn anzukämpfen und zu versuchen, ihn loszuwerden. Denn dieses Vorhaben hat sich schon seit jeher bei so manchem Gärtner als fast aussichtsloses Unterfangen erwiesen.

Der Giersch verbreitet sich durch seine unzähligen unterirdischen Wurzelausläufer, die von brüchiger Struktur sind. Jedes im Boden verbleibende

Stückchen bildet die Grundlage für eine neue kraftvolle Pflanze. So ist auch das Arbeiten mit einer Hacke oder ähnlichem Gartengerät aus diesem Grund eine absolut ungeeignete Methode, um dem Giersch Herr werden zu wollen. Manche Gärtner probieren es daher mit der Methode, den Giersch zwei Jahre lang mit schwarzer Folie abgedeckt zu Leibe zu rücken.

Eine Methode mit nur mäßigem Erfolg, und wenn ich mir diese schwarze Fläche innerhalb eines Gartens vorstelle, gefällt mir persönlich der Hinweis eines alten, sehr erfahrenen Gärtners um einiges besser: Die Empfehlung dieses Mannes lautet nämlich, den Giersch einfach „weg zu essen", was heißt, die oberirdisch wachsenden Blätter immer wieder als Wildgemüse in der Küche in Topf und Schüssel zu „entsorgen". Ein wahrhaft herrlicher und dabei so gesunder Tipp. Inwieweit dieser jedoch tatsächlich nutzbringend im Bezug auf eine dauerhafte Beseitigung der Pflanze ist, entzieht sich allerdings sowohl meinem Wissen als auch meiner Erfahrung.

Doch wenn man sich all die guten und gesunden Eigenschaften und Inhaltsstoffe anschaut, sollte man dem Giersch sicherlich einen ganz anderen Stellenwert zukommen lassen, und vielleicht „darf" er dann auch im eigenen Garten als Nutzgemüse wachsen. Und glaube mir, wenn man den Giersch ganz bewusst wegen seines Geschmacks und seines gesundheitsfördernden Nutzens finden und verarbeiten möchte, so bekommt er ganz automatisch einen ganz anderen Stellenwert, als wenn er die Rolle des „Feindes" im eigenen Garten hat.

Mir bereitet es Freude, ihm zu begegnen, und immer wieder überkommt mich beim Anblick seiner so eindeutig geformten Blätter als Assoziation das Bild einer Hand mit ihrem Daumen. Für mich eine helfende, eine unterstützende Hand ..., und ja, wer weiß, was das in tieferer Ebene vielleicht bedeuten mag?

Doch ob nun helfende Hand mit Daumen oder Ziegenfuß, die Form der Blätter ist ein ebenso sicheres Erkennungsmerkmal für den Giersch wie auch der exakt dreieckige Stängelquerschnitt. Beides fasziniert mich in seiner Perfektion jedes Mal wieder aufs Neue.

Es ist so „Wunder-voll“, was Mutter Natur alles entstehen zu lassen im Stande ist. Allein die Geometrie des exakt dreieckigen Stängelquerschnitts lässt immer wieder das Wunder der Natur erkennen und wir können es ebenso dankbar wie demütig und bewusst erleben. Und auch im Bezug auf seine Inhaltsstoffe können wir voll Dankbarkeit auf den Giersch blicken.

In besonderer Weise ist hier das Vitamin C zu nennen, denn der Gehalt dieses Vitamins ist beim Giersch immerhin viermal so hoch wie bei Zitronen und etwa 14 Mal so hoch wie beim Kopfsalat. Auch beim Karotin zeigt sich beim Giersch ein besonders hoher Gehalt. Wie in jedem anderen Wildgemüse auch, sind natürlich auch im Giersch eine Vielzahl an Mineralien enthalten: So finden sich in 100 Gramm Giersch allein 16,5 mg Eisen. (In der selben Menge Spinat befinden sich zum Vergleich dazu lediglich 2,9 mg). Mit Hilfe von Kalium (und weiterer Mineralstoffe) neutralisiert der Giersch überschüssige Harnsäure und trägt über diesen Weg zur Gesunderhaltung und Beweglichkeit der Gelenke bei.

Nach dem langen Winter ist die Nutzung der jungen Blätter eine wahre Wohltat für den Körper. Mit neuer Kraft kommen sie uns aus der Erde entgegen und über ihre Inhaltsstoffe lässt der Giersch auch uns an dieser neuen Kraft teilhaben. Ein guter Grund gerade die jungen Frühlingsblätter der Pflanze als Zutat in der Küche zu nutzen und in Suppen, Aufläufen, Gemüsekuchen und Salaten zu verarbeiten.

Ich selbst nutze die jungen Blätter am liebsten in der Kombination mit Brennnesselblättern als Gemüse, welches ich wie frischen Spinat zubereite. Aber auch in Aufläufen und Bratlingen, in Pesto, Quark, Salat und Butter lässt er sich gut verarbeiten. Grün durchzogene Gierschbrötchen sind eine schmackhafte Abwechselung in der Liste der klassischen Brötchen.

Für mich ganz neu zu erfahren war es, dass einige Menschen die Stiele des Gierschs wie Sauerkraut einlegen und im Winter als Wintergemüse genießen. Eine mir noch (!) fremde Nutzung dieses von mit so geschätzten (Un)Krautes, aber sicherlich etwas, was ich in der Zukunft ausprobieren werde. Auch lohnenswert ist es, die bekannte Kombination von Tomate und Mozzarella einmal statt mit Basilikum mit frischen, jungen Gierschblättchen anzurichten. Eine andere, mir durchaus bekannte Verwendung ist die Herstellung von Gierschlimonade. Ein absolut erfrischendes, gesundes und köstliches Getränk ganz ohne die Zugabe von Zucker, welches auch Kinder sehr lieben.

Auch beim Giersch zeigt es sich wieder, wie umfassend, abwechslungsreich und dabei einfach die Anwendungsmöglichkeiten von Wild- und Heilpflanzen sind.

Wie bei all den andren Heil- und Wildpflanzen auch, bedarf es, um dieses fantastische Wildgemüse nutzen zu können, keines eigenen Gartens. Denn auch wer keinen Garten (oder einen Garten ohne Giersch) hat, kann dieses Wildgemüse an vielen anderen Orten finden und ernten.

Zwar wächst der Giersch gern auf nährstoffreichen Böden, er ist jedoch alles in allem wenig wählerisch, was seinen Standort angeht. So findet man ihn (übrigens in ganz Europa) in Parks, Gärten, in feuchten Wäldern und Waldrändern.

Beim Sammeln der Blätter gilt es natürlich auch beim Ernten des Gierschs wieder den Standort zu beachten. Dies berücksichtigt ist dieses Gemüse in BIO-Qualität und dazu noch kostenfrei für uns alle nutzbar.

Spitzwegerich

Bei der Begegnung mit diesem Kraut durchfährt mich jedes Mal ein freudiger Schauer und ich spüre: Es ist einfach spitze! Doch bis ich den Spitzwegerich entdeckte und er zu einem meiner Pflanzenfreunde werden konnte, dauerte es eine ganze Zeit. Und diejenigen Leser unter euch, die nun vermuten, dass es unter anderem daran gelegen haben könnte, dass auch der Spitzwegerich zu den Pflanzen gehört, die im Garten meiner Kindheit in die Kategorie der ungeliebten und unerwünschten Pflänzchen gehörte, der liegt mit dieser Vermutung genau richtig. Doch es lohnt sich, sich einmal bewusst zu ihm zu setzen und ihn in seinem Wuchs zu betrachten:

Begegnen wir dem Spitzwegerich in seiner Blütezeit, so scheint es, als trage er viele kleine Mikrofone. Doch auch seine spitzen, lanzettartigen Blätter sind auffallend. Auf ihrer Rückseite finden sich die ausschließlich parallel verlaufenden Blattadern, die alle der Spitze entgegen laufen und dort zusammentreffen.

Lange bin ich achtlos an ihm vorbei gegangen. Mein Interesse an dieser Pflanze wuchs erst, als ich vor vielen, vielen Jahren zum ersten Mal Kontakt mit einer kräutererfahrenen Frau hatte und sie unter anderem vom Spitzwegerich berichtete. Ich durfte seine wunderbare Wirkung als „Erste Hilfe Pflanze“ z.B. bei Insektenstichen kennenlernen. Ich war fasziniert von diesem Erlebnis, und von diesem Zeitpunkt an habe ich mein Wissen um die Wild- und Heilkräuter stets bewusst erweitert.

Der Spitzwegerich ist ein so herrlich heilsames Kraut, das uns der Schöpfer im Garten von Mutter Natur an so vielen Stellen mit seinen vielen wertvollen Inhaltsstoffen zur Verfügung stellt.

So finden sich in ihm unter anderem: Schleimstoffe, Gerbstoffe, Kieselsäure, Kalium, Zink, Polysaccharide, ätherische Öle, Flavonoide und Saponine.

Er ist ein stark verbreitetes Kraut, das auf nährstoffarmen Böden, also besonders an Wegrändern, im Ackerland und auf Wiesen in Höhenlagen bis 1 700 m wächst. Am nährstoffreichsten ist er, bevor er blüht, also je nach Region bis etwa Anfang Mai oder Juni, aber auch danach noch hält er seine Inhaltsstoffe für uns bereit.

Unterwegs, sozusagen in der Outdoor Apotheke, werden besonders die Inhaltsstoffe genutzt, die sich im Saft der Blätter befinden. Dieser Saft ist eine wahre erste Hilfe. Besonders hilfreich kommt er bei Insektenstichen und nach einer unbeabsichtigten Berührung mit Brennnesseln zum Einsatz. Der Spitzwegerichsaft lindert den Juckreiz und die Schwellung nicht nur deutlich, sondern er stoppt sie meist sogar gänzlich.

Um den Saft nutzen zu können wird einfach eines der spitz zulaufenden Blätter mit ausreichend starkem Druck zwischen den Händen gerieben (etwa so, als wolle man eine Kugel aus Knete formen.) Eine gute Möglichkeit ist es auch, das Blatt ein wenig anzukauen. Dies bringt gleichzeitig den Vorteil mit sich, dass die wunderbaren heilenden Inhaltsstoffe bereits über die Mundschleimhaut aufgenommen und damit von innen her mitwirken können.

Den beim Kneten oder Ankauen austretenden Pflanzensaft des Blattes, auf die betroffene Stelle aufgetragen, stoppt er das Brennen, lässt den Juckreiz augenblicklich aufhören und mindert die Schwellungen. Auch bei kleinen Schnittwunden kommt der Spitzwegerich auf diese Weise als eine Art „Notfallverband" zum Einsatz. Auf die betroffene kleine Wunde geträufelt stillt er die Blutung und schützt vor Entzündungen. Nicht umsonst trägt der Spitzwegerich also den Namen Heilsblatt.

Doch auch wenn Mama Erde dieses wundervolle kleine Kraut an vielen Stellen wachsen lässt, so geschehen zum Beispiel die unangenehmen Insektenstiche manches Mal weit entfernt von einer Spitzwegerichpflanze. Daher ist es von Vorteil, stets auch eine kleine Menge Spitzwegerich als Tinktur bei sich zu tragen. Im Internet kann man hierfür kleine Glasfläschchen beziehen, die wie schmale Deoroller aussehen.

Dort hinein wird einfach etwas von der Tinktur (deren Herstellung im Rezeptteil beschrieben steht) abgefüllt, sodass sie zu jeder Zeit und an jedem Ort verfügbar ist. (Ich habe dieses Fläschchen zwischen die Taschentücher eines Päckchens Papiertaschentücher gesteckt, sodass es auch vor Stößen oder ähnlichem gut geschützt ist und trage es so stets bei mir. – Es ist schon häufig zum Einsatz gekommen und ich möchte es nicht mehr missen.)

Doch auch bei einer beginnenden oder bereits akuten Erkältung ist diese Tinktur ein hilfreiches natürliches Mittel. Als Dosierung hierbei werden 3-5x täglich etwa 20 Tropfen in lauwarmem Wasser eingenommen. Aufgrund des Alkohols in der Tinktur gilt diese Empfehlung natürlich nur für Erwachsene.

Durch sein verbreitetes Auftreten aber ist der Spitzwegerich mit seinem eindeutigen, klar zu erkennenden Erscheinungsbild meist leicht und einfach zu finden und ist im wahrsten Sinne des Wortes kinderleicht anzuwenden.

Ja, auch Kinder können schon sehr früh dieses Kraut sicher erkennen und für sich nutzen. Wer einmal eine hilfreiche Erfahrung mit dem Spitzwegerich gemacht hat, der wird sich dieses Segens dauerhaft erinnern und es gekoppelt mit dem Namen des Krautes abspeichern.

Es ist schön, miterleben zu dürfen, wie stolz Kinder sind, wenn sie dieses Wissen anwenden und (besonders auch an Erwachsene) weitergeben können. In solchen Momenten ist es deutlich zu spüren, dass dieses Erlebnis für Kinder ein guter Grundstein für den Zugang zu den Schätzen der Kräuter und das Verbundensein mit der Natur ist. Alles in allem halte ich persönlich es sowieso für absolut gut und wichtig, Kindern von klein an den achtsamen, wertschätzenden und durchaus nützlichen Umgang mit der Natur nahezubringen, und es ist für mich immer wieder erstaunlich und erfreulich, erleben zu dürfen, wie selbstverständlich und intuitiv Kinder mit der Natur, mit Mutter Erde und ihren vielfältigen Gaben umgehen.

Ganz selbstverständlich und intuitiv sind Kinder eine Einheit mit allem, was sie umgibt. In der heutigen Zeit allerdings, in der viele Kinder und

Jugendliche in Städten, fernab von großen Naturgebieten aufwachsen, halte ich es für die Aufgabe von uns Erwachsenen, gerade ihnen das Erleben von Natur zu ermöglichen und ihnen gleichzeitig auch die wichtigen Themen „Umweltbewusstsein“ und „Naturschutz“ nahezubringen und alles dafür zu tun, ihnen ihre natürliche Verbundenheit zu erhalten. (Und uns ganz nebenbei auch selbst an mancher Stelle durchaus etwas von ihnen abzugucken.)

Die Kinder und Jugendlichen sind Teile der nächsten Generationen, die unsere und ihre (Um)Welt nutzen und zugleich schützen und achten müssen, um die Artenvielfalt und die Schätze für all die weiteren Generationen zu erhalten. Frei nach dem Motto: „Was ich kenne, das bin ich auch bereit, zu schützen.“ Der Spitzwegerich bietet sich hierfür hervorragend an, um als „Türöffner“ eine gute Basis zu erschaffen.

Wir können uns in der heutigen Zeit entscheiden, ob wir die Wildpflanzen für uns nutzen oder nicht. Doch in den sogenannten „schlechten Zeiten“ waren die wild wachsenden Pflanzen nicht nur wichtiger Bestandteil der Nahrung, sondern das Wissen um die nutzbringenden Eigenschaften der sie umgebenden Pflanzen war für die Menschen im wahrsten Sinne des Wortes überlebenswichtig, zumal es oft die einzigen Möglichkeiten waren, die den Menschen zur Verfügung standen.

Man wusste um die die Wundheilung unterstützende, entzündungshemmende und antibakterielle Wirkungsmöglichkeit der Pflanze. Gerade bei Erkrankungen der oberen Atemwege, der Haut und der Harnwege kam der Spitzwegerich zum Einsatz. Seinem besonders hilfreichen Nutzen bei Erkrankungen der Luft- und Atemwege verdankt er einen seiner weiteren Namen, denn er wird auch Lungenblatt genannt. Seine antibiotische Wirkung ist wissenschaftlich bewiesen und anerkannt. Sie ist bedingt durch den sekundären Pflanzenstoff Aucubin, der in den Blättern enthalten ist. So ist es wenig verwunderlich, dass der Spitzwegerich auch heute noch in der Pharmazie zum Einsatz kommt und in etlichen Hustensäften und Fertigprodukten zu finden ist.

Volksheilkundlich wird er noch heute unter anderem auch bei Akne, Bindehautentzündung, Wunden, Nasenbluten, (zu) starker Menstruation, Erkältungen – das heißt auch bei Fieber, beginnendem Husten und grippalen Infekten –, und auch bei Leberleiden eingesetzt.

Der Spitzwegerich zeigt sich also als vielseitig einsetzbares Kraut, und viele seiner Namen sind wahre Spiegel seiner Wirksamkeit. Heißt er doch unter anderem auch Wundwegerich, Lungenblatt, Heilwegerich und Heilblatt.

Sein lateinischer Namen Plantago lanceolata hingegen sagt weniger über seine Wirkung als über sein Aussehen und, wenn man so will, die Möglichkeit seiner Verbreitung aus.

Der Namensteil Lanceolata bezieht sich natürlich auf die länglich, lanzettförmige Blattform, während der Namensteil Plantago übersetzt Fußsohle bedeutet. Nicht nur, weil der Wegerich bei langen Wanderungen eine willkommene Hilfe und Entlastung für müde Füße ist, sondern auch deshalb, weil die Samen mit jedem Schritt und Tritt über die Fußsohlen bzw. Schuhsohlen weitergetragen werden.

So nannten die Ureinwohner den Spitzwegerich (und die anderen Wegericharten) auch „den Fußtritt des weißen Mannes". Denn überall wohin die weißen Männer ihre Füße gesetzt hatten, tauchte diese, den Indianern bis dahin unbekannte Pflanzenart auf. Die kleinen Samen ließen sich mit den Schuhsohlen und über des Erdreich in den Hufen der Pferde gut und über weite Strecken transportieren. Und über diesen Weg hatte die bis dahin rein europäische Pflanzen ihren Einzug in Amerika gefunden.

Und dass auch heute noch viele der kleinen Samenkörnchen über die Schritte bzw. Schuhsohlen von Menschen weitergetragen werden und sich der Spitzwegerich damit immer noch weiter verbreitet ist absolut erfreulich, wie ich finde. Steht er uns doch damit tatsächlich an vielen Orten und zum Nutzen zur Verfügung.

Ich für meinen Teil nutze den Spitzwegerich gern, oft und vielfältig. Für den Aufenthalt in Feld und Wiese ist er für mich, wie bereits geschildert, DER Helfer unterwegs, und er hat mir schon so oft wirklich gute Dienste geleistet. Doch nicht nur unterwegs schätze ich dieses Kraut, er ist auch fester Bestandteil in meiner Küche und meiner Kräuter-Hausapotheke geworden.

Im Frühling und Sommer gibt es bei mir kaum einen Salat, der ohne Spitzwegerich auf den Teller kommt, und auch in der Suppe ist er eine wichtige Zutat geworden. Die frischen, zarten Knospen erinnern sowohl roh als auch gedünstet in ihrem Geschmack an den von Champignons, und sie sind eine schmackhafte Zugabe zu Salaten und anderen Gemüsegerichten.

Das Glas mit dem Spitzwegerich-Honig reift über einige Wochen in meiner Küche, um im Herbst und Winter als heilsamer Brotaufstrich genutzt zu werden. Heilsam setzte ich ihn auch alljährlich als eine von vielen Heilpflanzen ein, die meinen Hustensirup bilden. Ein Hustensirup, der mir seit vielen Jahren den Einsatz des sonst so häufig benötigten Hustenblockers überflüssig gemacht hat.

Als Mensch, der selbst einige Zeit von Asthma geplagt war und noch lange danach immer mal wieder von unangenehmem Reizhusten belastet wurde, habe ich oft zu chemischen „Keulen“ greifen müssen, um auf diese Symptome zu reagieren und mir das leichte Atmen wieder zu ermöglichen.

Heute ist der Spitzwegerich für mich ein wirklich wahrer Segen, der es mir möglich gemacht hat, gänzlich auf den Einsatz der chemischen Produkte verzichten zu können. So wundert es mich daher auch gar nicht, dass er direkt um das Haus herum, in dem ich wohne, reichlich wächst und sich mir zur Verfügung stellt.

Es bewahrheitet sich damit wieder einmal, was schon vor Zeiten die kräuterkundigen Frauen zu berichten wussten: dass nämlich die Kräuterpflanzen immer dort vermehrt wachsen, wo sie auch gebraucht werden! Vielleicht schmunzelst du jetzt und denkst, dass das ja gar nicht sein kann. Und glaube mir, auch ich habe zunächst über diese Aussage geschmunzelt – doch über all die Jahre, die ich mich nun intensiv mit all den Themen rund um die Wild- und Heilpflanzen befasse, hat sich genau das immer wieder bewahrheitet.

So ist es tatsächlich interessant und oftmals recht aufschlussreich, bewusst zu schauen, welche Pflanzen sich im direkten Umfeld unserer Wohnung/ unseres Hauses angesiedelt haben. Manches ist dabei vielleicht zunächst ein wenig überraschend, oder zunächst unverständlich. Bei genauerer Betrachtung jedoch macht jedes Kraut dabei seinen Sinn, und manches Mal verändern sich auch die vor Ort wachsenden Pflanzen, wenn neue Bewohner einziehen oder sich die gesundheitlichen Themen der Bewohner verändern.

Wie ich den Spitzwegerich nutze

- Als DIE erste Hilfe unterwegs: Der frische Saft aus den Blättern oder die Urtinktur kommen bei Insektenstichen und kleineren Wunden zum Einsatz.
- Als Tee und (Ur-)Tinktur aus den Blättern: Hilft mir bei Erkältungen und hier speziell bei Husten.
- Als selbstgemachter Spitzwegerich-Honig und im Hustensaft.
- Die (am liebsten jungen) Blätter verwende ich geschnitten als Zutat im Salat und in mancher Suppe.
- Die frischen, zarten Knospen sind Beigaben in Salaten und Gemüsegerichten.

Abb.: Spitzwegerich-Urtinktur

Gundermann

Der Gundermann – so oft habe ich ihn als Pflanze wachsen gesehen, und ebenso oft nicht wirklich wahrgenommen. Doch mit dem bewussten Zuwenden zu ihm lernte ich ihn kennen und schätzen. Ihn mit seinen herzförmigen Blättern, die sich zum Teil als wahre Teppiche ausbreiten. Ihn mit seinen zarten lilafarbenen Blüten. Ihn mit seinen langen Trieben und Ausläufern, über die er sich immer mehr Raum nimmt. Ich habe ihn als zurückhaltend und unscheinbar erlebt und das, obwohl er doch an fast jedem Haus, jedem Zaun und in jedem Garten zu entdecken ist.

Dass er so weit verbreitet wächst und an vielen Orten zu finden ist, hat ihm im Norddeutschen sehr treffende und zugleich aussagekräftige Namen beschert. So nennt man ihn dort zum Beispiel „Heckenkieker" (Heckengucker) und „Kiek daer'n Zaun" (Guck durch den Zaun), und ich finde, dass diese Namen für die fast an jedem Haus, an jeder Hecke und an jedem Zaun zu findende Pflanze sehr, sehr passend sind.

Auch den Begriff Erdefeu finde ich persönlich sehr passend, breitet sich doch die Pflanze über ihre zahlreichen, kriechenden Ausläufer, die sie an jedem Knoten bildet, kräftig und flächig aus. Sie wuchert überaus stark, hat aber dabei nur eine Wuchshöhe von etwa 30 cm. Mit ihren leicht rundlich herzförmigen Blättern, dem Duft ihrer ätherischen Öle und ihren lieblichen, zarten lila-violetten Blüten ist der Gundermann leicht zu erkennen. Diese Blüten, die die Pflanzen schon früh im Jahr austreiben, sind für mich eine wahre Augenfreude, bei der ich mich immer wieder gern niederlasse. Und auch Bienen, Hummeln und andere nektarsuchende Insekten lassen sich gern bei und auf ihr nieder, denn die Blüten des Gundermanns sind für sie eine beliebte Futterquelle.

So wie auch ich ihn lange nicht wirklich wahrgenommen habe, so ist er heute auch allgemein als Heil- bzw. Würzpflanze relativ unbekannt. Vor langer Zeit jedoch wurde der Gundermann (die Gundelrebe) sehr vielseitig eingesetzt und genutzt. Bereits sehr früh hatte man die wundheilende Wirkung, die der Pflanze ihren Namen gab, erkannt. Schon der Wortteil „Gund“ im Namen des Krautes weist darauf hin. Er leitet sich von einem altgermanischen Wort für Eiter ab. So nutzte man also schon vor langer Zeit die zusammenziehende (adstringierende) und damit Wunden heilende Wirkung des Gundermanns.

Auch heute noch stellen manch kräuterkundige Menschen das sogenannte Wundkrautöl her, bei dem die frischen Blätter und Blüten der Pflanzen in ein Glas gegeben werden, welches verschlossen an einem sonnigen Platz stehen darf, bis sich am Boden eine helle Flüssigkeit angesammelt hat. Zu lesen ist, dass diese wiederum im Mischungsverhältnis 1:1 mit Alkohol ähnlich einer Tinktur haltbar gemacht werden kann.

Bereits im 18. Jahrhundert gab es eine weitere, sehr spezielle Anwendung des Gundermanns, denn man sagte ihm nach, dass er in der Lage sei, das Schwermetall Blei aus dem Körper auszuleiten. Büchsenmacher und die Maler der damaligen Zeit nutzten vor diesem Hintergrund die Gundelrebe (als Tee) um das belastende Blei, welchem sie durch ihre Farben ständig ausgesetzt waren, auszuschwemmen bzw. um einer Bleivergiftung vorzubeugen.

Doch auch im Kontext des Bierbrauens (vor der Kultivierung des Hopfens und dessen gezielten Anbaus) kam der Gundermann zum Einsatz. So alt wie seine Anwendungsweisen sind, so alt sind auch die vielen Mythen und Geschichten, die sich um den Gundermann ranken. So kamen aus den langen Trieben gebundene Kränze vielseitig zum Einsatz. Gab zum Beispiel eine Kuh nicht mehr gut Milch, so stand es zur früheren Zeit fest, dass diese Kuh mit dem „Milchzauber“ belegt sein müsse. Mit entsprechenden Sprüchen musste das Tier durch einen Gundermannkranz hindurch gemolken werden, damit der Zauber wieder gebrochen werden konnte. Und natürlich kam bei einem „nur“ entzündeten Euter der Gundermann als Heilkraut ebenfalls zum Einsatz. Wer in der Walpurgisnacht einen Kranz aus den Trieben der Pflanze trug, dem, so hieß es, war es möglich, alle wirklichen Hexen erkennen zu können. Vielleicht war manches Mal dabei das Erstaunen groß, wenn man erkannte, wer alles zum Kreise der wahren Hexen gehörte. ;-)

Doch nicht nur für Hexen und Kräuterfrauen war der Gundermann wichtig. Mit seinem würzigen Geschmack und seinem hohen Vitamin-C-Gehalt wurde er auch schon in frühen Jahren als Würzkraut verwendet, was ihm als weiteren Namen Soldatenpetersilie gebracht hat. Der Gundermann ist also seit alters her vielseitig zum Einsatz gekommen, und auch in der heutigen Zeit sollten wir ihn viel mehr nutzen, statt ihn als ungeliebtes Unkraut aus dem Garten verbannen zu wollen.

Mit seinen Bitterstoffen regt er den Stoffwechsel und die Verdauung an, und seine ätherischen Öle geben ihm sein kräftiges Aroma. Doch damit noch immer nicht genug der wertvollen Inhaltsstoffe und ihrer Nutzen. Denn auch Saponine sind in der Gundelrebe enthalten und sorgen für die schleimlösende Wirkung, sodass der Gundermann in der Naturheilkunde daher gern bei grippalen Infekten, Bronchitis und Erkältungen verwendet wird. Besonders bei letzteren hat er auch mir schon, unter anderem als Oxymel (Sauerhonig) und Tee (oft in der Kombination mit Spitzwegerich), erfreulich gute Dienste geleistet.

Der Gundermann eignet sich durch seinen kräftigen Geschmack hervorragend als Würzkraut in der Küche. Einige Menschen sagen, dass der Geschmack des Gundermanns recht gewöhnungsbedürftig sei. Doch unabhängig davon gilt für ihn, wie für alle anderen Gewürze und Kräuter, dass man zunächst achtsam mit der verwendeten Menge hantieren sollte. Besonders dann, wenn man mit der Verwendung von Wild- und Heilkräutern in der Küche erst beginnt, ist es sinnvoll, nach dem Motto „ein wenig ist gut – und wenn es mehr sein darf, dann kann man immer noch dazu geben" zu agieren und sich so an die Vorlieben im Bezug auf den Geschmack und die Intensität der würzigen Aromen heranzutasten.

Unsere heimischen Wildkräuter bescheren uns eine Vielzahl von kräftigen Aromen, die bei großen Mengen (wie bei jedem herkömmlichen Gewürz auch) recht schnell dominieren können. Auch meine Geschmacksknospen haben sich erst nach und nach an die würzigen und kräftigen Aromen der Heil- und Wildkräuter gewöhnt, und ich hantiere mittlerweile (für mich selbst) längst sehr großzügig mit der Verwendung der grünen, kräftigen

Freunde in meiner Küche. Ich liebe und genieße die Vielfalt der intensiven Aromen sehr! Habe ich jedoch „Kräutergäste“ zum Essen bei mir, verwende ich die Wildkräuter wesentlich zurückhaltender.

Gleichgültig, ob man kulinarisch eher die kräftigen oder die süßen Speisen bevorzugt, der Gundermann „passt immer“. Er ist ein wahrhaft interessantes Kraut, denn er harmoniert tatsächlich wunderbar mit herzhaften als auch mit süßen Speisen. Als Beispiele seien hier Kartoffeln auf der einen und Erdbeeren auf der anderen Seite genannt. Auch in Kombination mit Apfel ist der Gundermann ein echtes Erlebnis, das es lohnt, einmal probiert zu werden.

Auch ich nutze den Gundermann vielfältig, wobei ich hierbei eher die herzhaften Speisen bevorzuge. Besonders gern und regelmäßig kommt er daher bei mir in Salate und Suppen. Ebenso findet er auch in Kräuterbutter, Quark und Dipps Verwendung.

Mit Schokolade überzogen eignet er sich wunderbar als leckere Dekoration für einen Nachtisch oder als kleine, besondere Nascherei. Mit dem schokoladigen Überzug wird er so zu einer Art „wildem After Eight“ und damit irgendwie zu etwas ganz Besonderem, wie ich finde.

Angenehm kurz ist für mich der Weg, um den Gundermann ernten zu können. Für den Gundermann bedarf es daher nicht, wie bei manch anderen „klassischen Gartenkräutern“ eines Blumentopfs auf dem Balkon, sondern es bedarf für mich nur ein paar weniger Schritte, um ihn am Zaun vor dem Haus, in dem ich wohne, ernten zu können. Das Gießen dieses wunderbaren Pflanzenfreundes übernimmt Mutter Natur höchst selbst und auch die Beschaffenheit des Bodens scheint an dieser Stelle für den Gundermann von ihr optimal geschaffen worden zu sein. Somit ist auch der Gundermann ein Geschenk, welches ich nutzen darf, ganz ohne dafür etwas tun zu müssen. Wie wunderbar. Bei jeder Ernte erfreue ich mich voll Dankbarkeit an dieser Tatsache.

Ernten lässt sich der Gundermann übrigens auch in der kalten Jahreszeit, denn er gilt als winterfeste Pflanze, die uns in aller Regel auch im Winter mit seinen grünen Blättern erfreut. Je nach Standort und Wetterbedingungen kann es allerdings vorkommen, dass die Blätter des Gundermanns im Herbst oder Winter welken – doch zu Beginn des Frühlings treibt er auch an diesen Stellen kraftvoll neu hervor. Und er ist dann, wie alle anderen Pflanzen und Lebewesen auch, in dieser Wachstumsphase innerhalb des Frühlings voll gefüllt mit neuem Leben, neuem Saft und frischer Kraft, und seine Blätter und Blüten sind gut und ganz frisch zu verwenden.

Schafgarbe

Auch sie ist eine Pflanze, die allein beim Betrachten so viel mitzuteilen vermag über ihre Art und (Wirk-)Weise. Nehmen wir uns also die Zeit und betrachten wir sie: Auf vielen Feldern, an Wegrändern und auch in Gärten (in ganz Europa) nehmen wir häufig zunächst ihre Blüten wahr. Sie sind in ihrer Urform weiß bis schwach gelblich und die einzelnen, kleinen Blüten bilden in ihrer Vielzahl und ihrem dichten Beisammenstehen die großen Scheindolden, die uns entgegen strahlen.

Während der gesamten Wachstumszeit fällt neben den Blüten die Zartheit ihrer filigranen Blätter auf, die sich aus dem robusten und standhaften Stängel erheben. Dieser starke Stängel, der ihre Mitte darstellt, ist es, der die Schafgarbe in der Erde kräftig und standhaft verwurzelt. Selbst die Schafe haben zu allen Zeiten den Stängel der Pflanze verschmäht. Auch sie konnten „ihrer Mitte" nichts anhaben.

Damit vermag es die Schafgarbe, auch uns an unsere Mitte, unsere eigene, uns innewohnende Stärke und Kraft zu erinnern. Eine innere Stärke, aus der alles erwächst und der nichts und niemand etwas anhaben kann. Stark verwurzelt und kraftvoll verbunden mit der Erde und sich ihrer Mitte bewusst kann sie auch ihre Zartheit zeigen und sie ins Außen tragen. Sie zeigt uns damit die Basis, auf der es möglich ist, Zartheit und Liebe ins Außen zu tragen.

Die Schafgarbe ist eine Pflanze voller Gegensätzlichkeiten. Gut ausbalanciert vereinen sich in ihr Feines und Grobes, Zartheit und Stärke, weiblich und männlich, und auch in der Pflanzenastrologie wird die Schafgarbe sowohl der Venus (Blätter und Blüten) wie auch dem Mars (Stängel) zugeordnet.

Die Schafgarbe war lange „nur" Wild- und Heilkraut (man möge mir das „nur" in diesem Zusammenhang bitte verzeihen) doch hat sie seit einigen vielen Jahren auch als Zierpflanze Einzug in die Gärten der Menschen gefunden. Die ursprünglich weiße Blüte wurde durch Züchtungen immer wieder verändert und so gibt es heute die Schafgarbe in allen Gelb-, Orange-, bis hin zu tiefen Rottönen. Sie blüht ausdauernd, hält sich lange auch in der Vase und lässt sich mengenmäßig im Garten gut händeln. So sehr ihre farbigen Blüten uns erfreuen und beglücken, so wohltuend und hilfreich ist ihre Urform, welche auf Wiesen, Feldern und Wegrändern wächst und blüht.

Der Namensteil „garbe" wird abgeleitet vom althochdeutschen „garwe", was übersetzt „Gesundmacher" heißt. Man weiß heute, dass es eben die Schafe waren, die sich bei „Unstimmigkeiten im Innern" vorwiegend an den Blättern der Schafgarbe (Schaf garwe) gütlich getan haben. Doch auch für uns Menschen ist die Schafgarbe eine nützliche und heilbringende Pflanze. So ist der Namensteil garbe/garwe absolut passend für diesen Tausendsassa der Pflanzenwelt.

Ihre Inhaltsstoffe umfassen neben dem Bitterstoff Achillein, Mineralien, ätherische Öle und Gerbstoffe. Sie wirkt desinfizierend, entzündungshemmend und krampfstillend. Der Schafgarbentee wirkt entsäuernd auf unseren Körper, und wenn mit ihm gegurgelt oder der Mundraum gespült wird, so hilft er gut bei entzündlichen Prozessen in der Mundhöhle und dem Rachenraum. In früherer Zeit wurden auch entzündete Wunden mit in Schafgarbenabkochung getränkten Tüchern behandelt.

Mit ihrer wärmenden und entkrampfenden Wirkung gehört die Schafgarbe natürlich auch in die Gruppe der klassischen Frauenheilkräuter. In ihrer Zartheit wirkt sie über den sanften Weg ausgleichend auf den Zyklus, und ihr Einfluss ist sowohl anregend wie krampfstillend, blutbildend und auch blutstillend. Sie verhilft dazu, eine zu starke Blutung zu mildern, fehlende oder geringe Blutung anzuregen, und sie hilft, schmerzhafte Begleiterscheinungen, Schmerzen und Krämpfe während der Periode zu mildern. Am hilfreichsten ist es, wenn bereits einige Tage vor dem erwarteten Einsetzen der Regel mit dem Trinken des Schafgarbetees begonnen wird.

Schon dem Kräuterpfarrer Sebastian Kneipp war bekannt, dass die Schafgarbe in besonderer Weise ein sogenanntes Frauen-Heilkraut ist, welches bei all den „typisch weiblichen Beschwerden“ hilft. Von ihm stammt der Ausspruch:

„Schafgarbe im Leib – tut wohl jedem Weib.“

Als Gesundmacher bekannt ranken sich auch um die Schafgarbe viele Mythen und Geschichten, und jede einzelne wäre es wert, hier aufgeschrieben zu werden. Sie sind so vielfältig, dass sie ein eigenes Buch durchaus füllen könnten und dies durchaus verdienen würden. Und wenn schon nicht alle Mythen und Geschichten hier ihren Platz finden, so doch zumindest die eine und die andere.

So möchte ich beginnen mit der Geschichte, die unmittelbar mit dem lateinischen Namen der Schafgarbe (achillea millefolilum) in Verbindung steht: Die Sage berichtet, dass die Schafgarbe aus den Splittern des Schwertes des Achilles entstanden sei. Der griechische Held entdeckte den Nutzen der 1 000 (mille) Blättchen (folium) der Schafgarbe zur Heilung seiner Wunden.

Die „tausend Blättchen“, die die Schafgarbe im Namen trägt, weist auch darauf hin, dass sie als schutzmagisches Kraut wichtig war. Denn sowohl Hexen als auch dem Teufel wird ein Zählzwang nachgesagt. Die tausend Blättchen der Schafgarbe stoppten das böse Vorhaben dieser Wesen, denn diese würden bei der Begegnung mit der Schafgarbe die vielen Blättchen zu zählen beginnen und darüber ihre bösen Absichten vergessen, sodass Mensch und Tiere unbeschadet bleiben würden.

Eine weitere Legende um diese wunderbare Pflanze rankt sich um Joseph und den noch jungen Jesus: Es heißt, dass Joseph sich bei der Arbeit mit dem Hobel verletzt habe und Jesus ihm zur Heilung Schafgarbe gereicht hat. Noch heute heißt die Schafgarbe in Frankreich aufgrund dieser Geschichte „Zimmermannskraut“ (falls einer mal daneben haut).

Die Gabe sowohl Blut stillen als auch zu Blutungen führen zu können, machten sich zu mancher Zeit auch die Schulkinder zu nutzen: Ein Blättchen Schafgarbe in die Nase gesteckt und alsbald begann die Nase zu bluten

... und mit Nasenbluten konnte man eben nicht am Unterricht teilnehmen. Da es nicht zu 100 % garantiert war, dass das Blättchen in der Nase zwangsläufig zu Nasenbluten führte, wurde die Schafgarbe, die man sich in die Nase steckte, auch als Orakel für Vorhersagungen genutzt. Es heißt zum Beispiel, dass wenn man sich unsicher ist inwieweit einen der Partner wirklich liebt, so soll man ihn mit Schafgarbe an der Nase kitzeln und folgenden Satz dazu sprechen:

**„Garbe, oh Garbe durch diesen sanften Hieb,
Nase, so blute, wenn er/sie mich hat lieb."**

Ein wenig anders praktizierte man bei den Briten diese Liebesvorhersage. War der Angebetete fort, beispielsweise auf Reisen, so nahm sich die Frau ein Blatt der Schafgarbe, steckte es sich selbst in die Nase, drehte es dreimal und sprach:

„Schafgarbe, Schafgarbe, ist mein Liebster mir gut, kommt weder Wasser noch Schaum, sondern nur rotes Blut."

Nicht nur als Liebesorakel, sondern auch und in vielen anderen Anwendungen wurde die Schafgarbe zum Orakeln genutzt. Sie sollte hellsichtig machen und auch das Wetter voraussagen können.

Bei all den Legenden, Mythen und Geschichten, die sich in allen Regionen des Schafgarbevorkommens finden und die sich so ähnlich sind, war und ist man sich allerorts einig: Die Schafgarbe ist eine große Heilerin unter den Pflanzen! Sie hat einen großen Nutzen für Mensch und Tier und auch für die Böden, auf denen sie wächst. Nicht grundlos nennt man sie „Jod der Wiesen und Felder" und „Heil der Welt". In der Blumensprache verbindet sie allerdings Gegensätzliches, denn hier steht sie ebenso für Kummer und Sorgen wie gleichzeitig auch für Genesung. Für mich ist eben dieser Teil der Genesung der riesige Vorteil dieser Pflanze, und nicht umsonst ist die Schafgarbe eines der wichtigen Frauenheilkräuter: Aber nicht nur für Frauen, auch für Kinder und Männer ist es ein hilfreiches Kraut, dem viel Nützliches zugeschrieben wird: Heißt die Schafgarbe doch auch Bauchwehkraut, und als Tee getrunken, gern in der Kombination mit Kamillenblüten, ist sie eine echte Wohltat und Hilfe mit angenehmem Geschmack.

Auch bei „frauentypischen Bauchschmerzen" während der Menstruation wird der Tee in der Volksheilkunde eingesetzt. Wie bereits weiter oben beschrieben ist es hilfreich, bereits drei Tage vor Einsetzen der Blutung vorbeugend eine kleine Teekur zu beginnen, um unangenehmen Begleiterscheinungen entgegenzuwirken, die entkrampfende Wirkung zu nutzen, Unregelmäßigkeiten des weiblichen Zyklus auszugleichen und „die Säfte des Körpers zum Fließen zu bringen" und zu regulieren.

Bei Beschwerden innerhalb der Wechseljahre und anderer hormonell bedingter Frauenangelegenheiten wird das Kraut ausgleichend und unterstützend eingesetzt. Ich selbst habe in ganz anderem Kontext die blutstillende und wundheilende Wirkung der Schafgarbe erleben dürfen: Nach einer schweren Verletzung versorgte ich die OP-Naht meines Hundes durch Auflegen und Abtupfen mit einer Auflage, die ich mit starkem Tee aus getrockneten Blüten getränkt hatte. Ein wahrer Erfolg!

Und jedes Mal, wenn ich mit dieser Art Tupfer zu dem kleinen Patienten kam, positionierte mein vierbeiniges Familienmitglied seinen Körper ganz intuitiv so, dass ich jedes Mal seine Wunden gut mit dem getränkten Tuch erreichen konnte. Doch nicht nur hier zeigt der Tee seine positive Wirkung. Aufgegossen und tassenweise getrunken kommt seine entsäuernde Wirkung zum Tragen. Hierzu werden 1-2 Tassen Tee zugedeckt etwa 7 Minuten ziehen gelassen und dann als Kur getrunken. Eine, wie ich finde, nicht nur positiv wirkende, sondern auch absolut wohlschmeckende Kur.

Die Einsatzbreite der Schafgarbe ist vielfältig und auch als Salbe tut sie ihre guten und hilfreichen Dienste. So wird sie kräuterkundlich gegen Hornhaut und bei Hämorrhoiden angewendet. Wem diese Wirkungsweise bekannt ist, der denkt eventuell an die Stars und Sternchen dieser Welt. Denn ihnen wird nachgesagt, dass sie Hämorrhoidensalbe mit Erfolg bei Augenringen nach Nächten mit wenig Schlaf anwenden. Wer weiß, ein Versuch ist es ja vielleicht einmal wert?

Last but not least: Die Schafgarbe wird – wie so viele ihrer Kräuterfreunde – auch gern zum Räuchern eingesetzt. Allein oder in Räuchersträußen wird ihr eine klärende Wirkung zugesprochen und sie soll einen Blick in die Zukunft ermöglichen.

Zum Schluss noch ein paar Worte dazu, wie die Schafgarbe bei mir in der Hauptsache Verwendung findet: Wie bereits beschrieben sammle ich die Blüten der Pflanze und nutze sie zum Teil in Kombination mit Kamille (und anderen Kräutern) als wohlschmeckenden Tee.

Die feinen Blätter finden mit anderen frischen Begleitern den Weg in meine Salatschüssel, und sie sind Bestandteil des kräftig grünen Wiesenpestos, welches (zum ersten Mal genossen) ein ganz neues, kräftig würziges Geschmackserlebnis in der Kombination von Nudeln und Pesto liefert. Sie eignet sich auch in Karottengemüse gut als Alternative zu Petersilie. Und auch in Blumensträußen hält sie sich lange und vermag es, uns zu erfreuen.

Vogelmiere

Als dichter, grüner Teppich mit zarten, weißen Sternchen begegnet uns die weit verbreitete, sehr robuste und äußerst wohlschmeckende Vogelmiere. Sie erscheint uns klein, filigran und zart mit ihren Blättchen und ihren zarten Sternblüten, und dabei ist sie so enorm robust und stark.

Zu erkennen ist die Vogelmiere leicht: Ihr Stiel weist eine Haarreihe auf, die gerade von unten nach oben wächst und an einen Irokesen Haarschopf erinnert. Wenn man die äußere Schicht eines der zarten Stiele durchtrennt, so findet man in seinem Innern den sogenannten Hühnerdarm – der gummiartige helle Gefäßbündelstrang, der die Versorgung der oberen Pflanzenteile ermöglicht.

Die Vogelmiere ist in Mittel- und Nordeuropa heimisch, jedoch auch in anderen Ländern des Globus anzutreffen, und sie wächst sogar über den Polarkreis hinaus. Ihre zarten, sternförmigen Blüten haben je fünf weiße Kornblätter, welche zweigeteilt sind und so den Anschein erwecken, als seien es insgesamt zehn Blütenblätter.

Ihr lateinischer Name Stellaria media trägt den Begriff Stern in sich, und an Stellen, wo die Sonnenstrahlen die Pflanze erreichen, sind ihre Sternchen auch zu ganz ungewohnten Zeiten und bei ungewöhnlichen Temperaturen, denen sie trotzt, zu entdecken.

So ist es nicht verwunderlich, dass man, nachdem der Schnee geschmolzen ist, selbst auf Beeten, die im Herbst gut gejätet worden sind, die Vogelmiere bereits wieder antrifft und sie den Boden mit einem grünen Teppich bedeckt. Nicht nur, dass sie unter einer Decke aus Schnee zu wachsen im Stande ist, sie keimt sogar bei Temperaturen leicht unter Null Grad. Jede einzelne Pflanze bringt pro Jahr etwa 5 Pflanzengenerationen hervor, die jede bis zu 20 000 robuste Samen bilden. Auch diese sind absolut robust und können bis zu 60 Jahre lang keimfähig in der Erde überdauern.

So vermehrt sich die Vogelmiere problemlos, was bei vielen Gärtnern nicht eben auf das stoßen lässt, was man Liebe nennen könnte. Und tatsächlich, viele Gartenbesitzer möchten das kleine Kraut gern verbannen.

Die Tipps, wie man diesem Pflänzchen Herr werden kann sind ebenso vielfältig und intensiv wie sie auch (fast) unnütz sind. Es hat sich über viele Jahre hinweg gezeigt, dass die Vogelmiere extrem anpassungsfähig ist und sich den Angriffen der Menschen mit Erfolg entgegenstellt. Vielleicht auch deshalb, weil sie als Bodenaufbereiter aktiv ist, ein guter Mulchersatz ist und Böden vor Austrocknung schützt. Mutter Natur scheint zu wissen, weshalb diese Pflanze so anpassungsfähig und kaum zu bekämpfen ist. ;-)

Mit der Gabe, überall und zu jeder Zeit zu wachsen, ist die Vogelmiere ein Segen für viele kleine und große Tiere. Vögel, Hasen, Wildschweine, Rehe, ... und auch Insekten, die sich am Nektar gütlich tun, haben in der Vogelmiere eine überaus gehaltvolle Futterquelle. Und das schon seit vielen Tausenden von Jahren.

Funde und Pollenanalysen haben gezeigt, dass die Vogelmiere schon in der damaligen Eiszeit der Tundra ansässig war, wo neben kleineren Tieren auch Mammuts, Bisons und Wildpferde lebten, die sie als Futterpflanze nutzten. Auch die Menschen haben vermutlich schon vor langer Zeit die vitaminreiche Pflanze in ihre Nahrung mit einbezogen.

Die Vogelmiere hat, wie alle Wild- und Heilkräuter, viele gute und wertvolle Inhaltsstoffe, und das sowohl für Mensch als auch für Tier. Man beobachtete, dass sich besonders Vögel am zarten Grün des bodennah wachsenden Krautes gütlich taten. Eine Tatsache, die einerseits maßgeblich zur Namensgebung beigetragen hat, die aber auch dafür verantwortlich war, dass in Städten wie London und Paris das kleine robuste Kraut sogar an Besitzer und Züchter von Vögeln verkauft wurde, um den gefiederten Freunden neben der sonstigen Kost, die sie in ihren Käfigen bekamen, ein weiteres gehaltvolles Futter zu ermöglichen. In ihren wertvollen Inhaltsstoffen, die nicht nur den Vögeln und Wildtieren dienlich sind, spiegelt sich ihre bereits geschilderte Lebenskraft deutlich wider.

Die Vogelmiere weist unter anderem etliche Mineralstoffe auf: Kalium, Kalzium, Magnesium und auch Eisen, Flavonoide, Saponine und Zink. Vergleicht man Inhaltsstoffe der Vogelmiere mit denen eines Kopfsalates, so liegt die Vogelmiere als deutlicher Sieger weit vorne, und dies nicht nur im Bezug auf die Mineralstoffe, sondern auch, was ihre Vitamine betrifft. In hohem Maß weist sie nämlich die Vitamine A, B und C, und die Vitamine B1, B2 und B3 auf. Ihre Inhaltsstoffe und auch ihr feiner, ein wenig an Mais erinnernder Geschmack, machen sie auch in der Wildkräuterküche zu einer hervorragenden Zutat.

Roh ist die Vogelmiere ein genialer Vitaminspender in Salaten oder klein gehackt in Butter, Quark und Smoothies. Doch auch gekocht findet die Vogelmiere Verwendung, und sie wird als Gemüse in gleicher Weise wie Spinat zubereitet, und klein geschnitten ist sie beispielsweise in Kartoffelbrei eine vitaminreiche Zugabe. Durch ihren feinen, milden Geschmack ist die Vogelmiere in der Regel auch bei Kindern sehr beliebt und trägt in hervorragender und unproblematischer Weise zur Versorgung mit etlichen wichtigen Stoffen bei.

Neben der Anwendung in der Küche findet die Vogelmiere auch als Heilkraut Verwendung. Man kann sagen, dass der Kräuterpfarrer Sebastian Kneipp die Vogelmiere als Heilpflanze wiederentdeckte. Er schätzte die Pflanze besonders wegen ihrer beruhigenden und schleimlösenden Wirkweise, weshalb er die Pflanze zum Beispiel bei Lungenerkrankungen und allgemeinem Husten nutzte und empfahl.

So lässt sich ein Tee einfach zubereiten: Eine Handvoll des Krautes wird mit ¼ Liter kochendem Wasser überbrüht und etwa zehn Minuten ziehen lassen. Verwendung findet dieser Tee innerlich (abgekühlt und nach und nach getrunken bei Halsentzündungen).

An anderer Stelle wird ein Tee aus Vogelmiere hingegen bei Verstopfung empfohlen. Dieser soll allerdings nur in kleinen Mengen getrunken werden, da man ihm eine wahrhaft durchschlage Wirkung prophezeit. Bei der äußerlichen Anwendung hingegen ist diese freilich nicht zu befürchten, und der Tee wird für Umschläge bei Juckreiz, Ekzemen, Schuppenflechte, ... und entzündeten Augen genutzt.

Wie ich die Vogelmiere nutze

Die zarten Teile der Vogelmiere nutze ich hauptsächlich roh in Butter, Quark, Dipps, Smoothies und Ähnlichem. Sie eignet sich auch hervorragend als Salatgrundlage. Gekocht ist die Vogelmiere ein absolut vitaminreiches Wildgemüse, und sie kommt bei mir meist gemeinsam mit Brennnesseln und Giersch als Zutat zum Wildkräuter-„Spinat" dazu. Und auch als Suppe (also mit etwas mehr Wasser und einem guten Schuss Sahne, so zubereitet wie der „Spinat") schmeckt sie gut.

Abb.: Hühnerdarm der Vogelmiere

Knoblauchsrauke

Die Knoblauchsrauke ist für mich wahrlich ein geliebter Pflanzenfreund aus Gottes riesigem Unverpacktladen, den uns die Schöpfung so reich befüllt und in dem sie uns alles kostenfrei zur Verfügung stellt.

Allgemein wird die Knoblauchsrauke als eher unscheinbare Pflanze beschrieben. Allerdings finde ich sie, bei näherem Betrachten, und vor allem in ihrer Blütezeit auffällig schön (was aber freilich auch im Auge des Betrachters liegen kann). Daher lade ich dich ein, ihr einmal bewusst mit offenem Auge und offenem Herzen zu begegnen.

Die Knoblauchsrauke ist eine in Europa heimische Pflanze, die sich bis nach Vorderasien und auch nach Nordamerika ausgebreitet hat. Sie ist in der freien Natur in Laubwäldern, an Wegrändern, auf schattigen Brachflächen und als (un)geliebtes (Un)Kraut auch in vielen Gärten in großer Zahl anzutreffen. Besonders gern wächst sie auf stickstoffreichen Böden, und sie gilt daher, wie auch die Brennnessel, als Zeigerpflanze.

Sie wächst aufstrebend nach oben, mag nährstoffreiche Böden und erreicht je nach Standort so eine Höhe von 60 cm bis zu 1 m. Die Blätter einer Pflanze weisen leicht unterschiedliche Blattformen auf. Während die Blätter im oberen Bereich der Pflanzen eher herzförmig sind und leicht spitz zulaufen, sind die weiter unten wachsenden Blätter eher leicht rundlich bzw. nierenförmig. Alle Blätter jedoch sind unregelmäßig gezackt, und jedes dieser kleinen Wunderwerke in Grün verströmt beim Zerreiben einen leichten Geruch nach Kresse bzw. Knoblauch, dem die Pflanze ihren Namen verdankt.

Ihre zarten weißen Blüten sind traubig, das heißt, sie bestehen aus mehreren Einzelblüten. Diese sind etwa 5-8 mm groß und haben jeweils vier kleine, weiße Blättchen. Für viele Insekten und Schmetterlingsarten sind diese Blüten ein guter und wichtiger Nektarlieferant, für einige Raupenarten eine wichtige Futterpflanze. Im Frühsommer bilden die Pflanzen zusätzlich zu immer noch neuen Blüten bereits auch Samenschoten aus. Nach der Samenreife beginnt die zweijährige Pflanze abzusterben. Ihre vielen Samenkörner aber sorgen dafür, dass sie im nächsten Frühjahr an derselben Stelle wieder austreibt und uns wieder mit neuer Kraft und frischem Grün zur Verfügung steht.

Gegen Mitte bis Ende April beginnt die Pflanze zu blühen. Die zarten kleinen Blüten befinden sich ausschließlich im oberen Teil der Pflanzen, wo sie zu mehreren zusammen in kleinen „Trauben" wachsen. Jede der 5-8 mm großen Blüten besteht aus vier Kelchblättern, vier Kronblättern und sechs gelben Staubblättern. Die Blüten und die (oberen) Blätter ziehen mich sowohl um zu ernten als auch mit meiner Kamera in jedem Jahr wieder aufs Neue zu sich. Etliche Fotos befinden sind so bereits in meinem Archiv, und die Pflanze zeigt mir auch über diesen Weg immer wieder die so harmonische Verbindung von Zartheit und Feinheit auf der einen und Würze und Schärfe auf der anderen Seite. Auf diese wundervolle Weise führt uns die Pflanze dieses wertvolle bereichernde Nebeneinander – nein, besser Miteinander – von Gegensätzen vor Augen. So fein und zart Blätter und Blüten erscheinen, so würzig ist ihr Aroma und so stark und kräftig sind ihre Inhaltsstoffe: Karotinoide, Saponine und zahlreiche Mineralstoffe und Vitamine (besonders hoch ist der Anteil an den Vitaminen A und C) stecken in ihr.

Besonders zu nennen aber ist bei der Knoblauchsrauke ihr hoher Anteil an ätherischen Ölen und Senfölglykosiden. Die würzigen Senfölglykoside dienen den Pflanzen selbst in erster Linie zum Selbstschutz im Bezug auf Fraßfeinde. Für uns Menschen sind sie gesundheitsfördernd und tragen neben der heilsamen Wirkung bildlich gesprochen die Würze des Lebens in sich.

Die Knoblauchsrauke wurde schon in früher Zeit nicht nur als Würzpflanze der armen Leute, sondern auch als Heilpflanze genutzt. Ihre Anwendungsbereiche waren vielfältig, denn besonders ihre Senföle und Saponine (Seifenstoffe) bescheren ihr ihre Wirksamkeit. Dass diese Pflanze bereits 4000 v. Chr. als Würzpflanze Verwendung gefunden hat, belegen Funde an Tonscherben, die man in Neustadt in Holstein an der Ostsee und in Steno in Dänemark gefunden hat. So ist die Knoblauchsrauke das älteste bekannte einheimische „Gewürz“. Die kleinen schwarzen Samenkörner, die in schmalen Schoten reifen, wurden als eine Art Pfeffer bzw. Pfefferersatz genutzt. Getrocknet waren sie auch über die entbehrungsreiche Winterzeit dauerhaft nutzbar. Es lohnt sich, auch heute einmal diese Art des Pfeffers zu sammeln und in der Küche einzusetzen.

Die zarten Blätter hingegen eignen sich nicht zur Vorratshaltung. Sie sollten immer frisch verwendet werden und auch nicht erhitzt werden. So sind sie als Zugabe in Salate und in Kräuterbutter wunderbar geeignet und verleihen einen angenehm würzigen Geschmack. Im Vergleich zum Knoblauch selbst, bleibt beim Verzehr von Knoblauchsrauke der typische und nachhaltige Geruch nach Knoblauch aus.

Ich persönlich nutze die Knoblauchsrauke vorwiegend „nur“ als Küchenpflanze. Kaum ein Salat (vor allem kaum ein Tomatensalat), ein Dipp, ein Pesto, eine Kräuterbutter ... kommt ohne sie aus.

Und auch wenn diese Pflanze, so wie der Spitzwegerich, eine wundheilende Wirkung hat und sie auch bei Insektenstichen vergleichbar gute Wirkung zeigt, so ist sie für mich als „Erste Hilfe“-Pflanze lediglich auf Platz zwei. (Vielleicht deshalb, weil ich den Spitzwegerich eben als ersten in diesem Nutzen kennen und lieben gelernt habe). Ob nun Spitzwegerich oder Knoblauchsrauke: Dass all die Pflanzenfreunde heilsame Wirkungen haben, war schon von alters her bekannt. Von der Knoblauchsrauke wusste man schon früh um die folgenden positiven und heilenden Wirkungen: Sie galt und gilt als antibakteriell, antimykotisch (gegen Pilze), schleimlösend und auswurffördernd, wundheilend und entzündungshemmend. Neueren, aktuellen Studien zufolge heißt es, dass diese „Geschmacks- und Inhaltsstoffe“ der Knoblauchsrauke Infektionen vorbeugen. Und auch im Bereich der Krebsprävention sollen Senfölglykoside (von denen diese Pflanze ja in großem Maße welche in sich trägt) eine hilfreiche Wirkung haben.

So ist auch sie wie alle anderen nicht nur als Heil-, sondern vorbeugend auch als Gesund-bleib-Kraut zu bezeichnen und zu nutzen.

Ein Wort zum Schluss

Der Reigen der neun wohl bekanntesten (un)geliebten (Un)Kräuter hat mit der Vorstellung der Knoblauchsrauke seinen Abschluss in diesem Buch gefunden. Und natürlich gäbe es zu jeder der hier aufgeführten Pflanzen noch vieles zu berichten, und auch der Reigen der Pflanzenfreunde ist alles andere als komplett. Im Bezug auf die so (un)geliebten (Un)Kräuter bzw. die wilden Pflanzenfreunde gibt es noch so unendlich viel mehr zu entdecken oder auch wiederzuentdecken und zu nutzen.

Doch es ist hierbei wie mit so vielem anderen. Es braucht gar nicht viel Wissen zu möglichst vielen Wildpflanzen. Wichtig ist es, einfach erst einmal im Kleinen zu starten.

Starte langsam, beginne einzelne Pflanzen zu entdecken und zu nutzen. Sicherlich findest du schnell deinen persönlichen liebsten Pflanzenfreund.

Und dann wende dich einer weiteren Pflanze zu und integriere nach und nach weitere in deinen Speiseplan.

Wie auch schon Generationen vor uns, so können und dürfen wir uns diese Gaben von Mutter Natur mit all ihren nährenden Inhaltsstoffen ganz selbstverständlich zunutze machen.

Und wie schon mehrfach geschrieben: Du musst gar nicht gleich so viele Wildpflanzen kennen, um sie in den Speiseplan integrieren zu können und dir und deiner Gesundheit Gutes zu tun. Es ist hier, wie mit allen anderen Vorhaben auch. Ein Mensch, der zum Beispiel asiatisch kochen lernen möchte, der beginnt ja auch nur Stück für Stück mit diesem neuen Vorhaben.

Damit du ein wenig einen Anhaltspunkt für den Einstieg hast, findest du hier noch einmal einige Rezepte, die sich gut mit den hier beschriebenen

Pflanzenfreunden machen lassen. Jedes Stückchen „wildes Grün“, das du in deiner Küche und deiner Naturapotheke nutzt, ist letztlich so viel mehr als ein Unkraut, und es ist sogar mehr als eine Heilpflanze, denn genau genommen ist es eine wirkungsvolle Gesund-bleib-Pflanze für dich.

So hoffe ich, dich mit diesem Buch ein wenig mitgenommen zu haben in die wunderbare Welt der (un)geliebten Unkräuter bzw. in die Welt der Pflanzenfreunde, und ich wünsche dir viel, viel Freude mit all den grünen wilden Heil- und „Bleib gesund“-Pflanzen aus Gottes großem Garten unserer Mutter Erde. Mögen sie dir Gesundheit und vieles Weitere an guten Erfahrungen bescheren.

In diesem Sinne herzliche „grüne“ Grüße
Deine Elke

Abb.: (von oben nach unten) Wildkräuter-Salat, Löwenzahn-Marmelade, Kräutersuppe garniert mit Gänseblümchen, Wildkräuter-Salat mit Ahornblüten und Ziegenkäse.

Rezepte

Brennnessellimonade

Gut zwei Hände voll (möglichst junge) Brennnesselspitzen,
Saft einer Zitrone,
etwas frischen Ingwer (wer mag) in
2 Liter kochendes Wasser geben und etwa 3 Minuten aufkochen.
200 g Rohrzucker zugeben und abkühlen lassen, abseihen und kalt stellen.

Dieser kalte Sirup wird (je nach Geschmack) im Verhältnis 1:1 oder 2:1 mit Sprudelwasser gemischt und eiskalt mit einer Scheibe Limone serviert.

Gierschlimonade

10 Stängel jungen Giersch, 1 Stängel Minze und 1 Stängel Gundermann zu einem Sträußchen zusammenbinden und die Kräuter gut drücken.

Das Kräutergebinde dann kopfüber in einen Krug mit 1 Liter klaren Apfelsaft hängen und so mindestens drei Stunden an einem kühlen Ort ziehen lassen.

Danach die Kräuter entfernen (nochmals ausdrücken) und zu dem Apfelsaft dann 1 Liter Mineralwasser und Zitronensaft nach Geschmack dazugeben.

Gekühlt servieren. Auch Kinder lieben diese erfrischende Limo.

Brennnesselbrot

Etwa 150 g Brennnesselblätter blanchieren und mit einem Tuch ausdrücken (Saft auffangen), kleinschneiden und mit einer gewürfelten Zwiebel einige Minuten andünsten.

In der Zwischenzeit einen Hefeteig aus
250 g Weizen- und 250 g Dinkelmehl,
1 Portion Hefe (bei frischer Hefe 25 g Zucker zugeben)
160 g lauwarmem Wasser bzw. dem noch warmen Saft der Brennnessel zubereiten und gehen lassen.
Eine große gekochte Kartoffel (100 g) zerdrücken und zugeben.
Ebenso die Brennnesseln, einen TL Salz und
50 g Sonnenblumenkerne
Teig gut verkneten, etwa 30 Minuten gehen lassen, halbieren und zwei kleine Brote formen bzw. Teig in zwei kleine Kastenformen geben.
Erneut gehen lassen und im vorgeheizten Ofen bei etwa 190 °C für 30 Minuten backen.

Gierschbrötchen

600 Gramm gesiebtes Mehl mit 4 TL Backpulver und 3-4 Prisen Kräutersalz vermischen und eine Mulde in die Mitte drücken. Dort hinein werden 500 Gramm Quark, 4 Eier, 1 EL Olivenöl und 4-5 Händevoll gehackter frischer Gierschblätter gegeben. Natürlich können hier auch andere Wildkräuter als grüne Zutat genommen werden.

Alles zu einem geschmeidigen Teig kneten und ½ Stunde im Kühlschrank ruhen lassen.
Dann etwa 20 kleine Brötchen formen und bei 200 °C etwa 35-40 Minuten backen.

Löwenzahnschnaps

Eine gute Handvoll Löwenzahnblüten in eine Flasche mit einem breiten Flaschenhals einfüllen, etwas Kandis zugeben und mit 40%igem Schnaps (Korn, Wodka oder Grappa) übergießen. Die Flasche einen Mondzyklus lang (also 4 Wochen) hell aufstellen, danach die Blüten abseihen.

Vor einer Mahlzeit wirkt dieser Schnaps appetitanregend, nach dem Essen verdauungsfördernd.

Abb.: Löwenzahnschnaps

Herzhafter Kartoffelsalat mit Vogelmiere

Gekochte Kartoffeln in Scheiben schneiden, 1-2 Karotten grob reiben und dazugeben, ebenso eine kleine Stange Lauch in dünne Scheiben geschnitten.

Mit Apfelessig, einem guten Öl nach Geschmack, Salz, Pfeffer und einer gute Portion gezupfter Vogelmiereblättchen vermischen.

Natürlich kann das Rezept je nach Geschmack auch individuell erweitert werden (z.B. mit Radieschen, Schinkenstreifen).

Wildkräuter Kekse

150 g Butter und 180 g geriebener Käse gut mit dem Handmixer verrühren.

½ Tasse Sahne, ½ TL Salz, 250 g Mehl und ½ TL Backpulver und eine Handvoll kleingeschnittener Wildkräuter (Brennnessel, Schafgarbe, Spitzwegerich, Giersch, ...) dazugeben.

Teig in Folie gewickelt etwa 2-3 Stunden im Kühlschrank ruhen lassen, dann ausrollen, ausstechen oder in Quadrate schneiden. Kekse mit Ei bestreichen und bei 200 °C etwa 10-15 Minuten backen.

Löwenzahnknospen als Kapern

Geschlossene Knospen (zwei Hände voll), ¼ Kräuteressig, ein paar Pfefferkörner und etwas Estragon. Die Knospen 24 Stunden in Salzwasser einlegen, abtropfen lassen. Den Essig, die Gewürze und Knospen aufkochen und mehrmals aufwallen lassen. Dann die Knospenkapern in Gläser füllen und kühl lagern.

Kräuterbutter

Hierfür (Bio)Butter bereits einige Stunden vor der Herstellung aus der Kühlung nehmen und diese dann mit verschiedenen, fein zerkleinerten/gehackten Kräutern, Blüten, Wildpflanzen und mit etwas Meer- oder Steinsalz vermengen. Ein wenig Knoblauch kann natürlich je nach Geschmack auch dazu gegeben werden.

Die Butter eignet sich hervorragend zum Einfrieren der Wildkräuter, um sie zu einem späteren Zeitpunkt in dieser Form zu verwenden.

Kräutersalz

Verschiedene Kräuter und Blüten werden fein gehackt/zerkleinert und mit etwa der doppelten Menge (grobem) Meer- oder Steinsalz in einem Mörser gestoßen. Ist alles gut vermengt und das Salz zerkleinert, wird das Kräuter-Salz-Gemisch auf einem mit Backpapier ausgelegten Blech zum Trocknen in natürlicher Wärme oder im leicht gewärmten Backofen ausgebreitet.

Wildkräuter bzw. Wiesen-Pesto

Ein Pesto mit einem ganz anderen und sehr intensiven Geschmack (also auch hier eher achtsam beginnen). Für ein solches Pesto werden, je nach Geschmack, verschiedene Wildkräuter gesammelt. Für mich gehören hierbei in jedem Fall Löwenzahnblätter, Spitzwegerich, Schafgarbenblätter, zum Teil Brennnesselblätter und Knoblauchsrauke dazu.

Die Kräuter werden dann mit Käse (z.B. Parmesan, Emmentaler oder Gauda), Mandeln oder Nüssen – je nach Geschmack, mit Knoblauch, Salz, Pfeffer in ausreichend gutem Olivenöl zerkleinert, bis die typische Pesto-Konsistenz erreicht ist. Wie jedes Pesto schmeckt es besonders gut zu Spaghetti.

Kartoffelbrei mit grünen Tupfen

Füge deinem Kartoffelbrei gern einmal ein paar grüne, wilde Tupfen zu. Je nach Jahreszeit gibt es so eine extra Portion an gesunden Nährstoffen.

Neben Brennnesselblättern eignet sich hierfür, vor allem im Winter, das Grün der Vogelmiere besonders gut.

Grün getupfte Hackfleischbällchen

Füge den Hackfleischbällchen einfach einmal wilde Kräuter wie zum Beispiel kleingeschnittene Brennnesselblätter und/oder Giersch hinzu.

Karottengemüse mit Schafgarbe

Über Karottengemüse lassen sich als Alternative zu Petersilie auch die Blätter der Schafgarbe nutzen.

Abb.: Karottengemüse mit Schafgarbe

Tomate mit Mozarella und Gierschblättchen

Probiere den „Klassiker" einmal mit Gierschblättchen statt mit Basilikum.

Wiesen After Eight

Blätter vom Gundermann in flüssige Schokolade tauchen und trocknen lassen.

Löwenzahnmarmelade

Geschmacklich eine ganz andere Art von Marmelade, denn der Löwenzahn ist und bleibt nun einmal eine Bitterstoffpflanze.

Eine Müslischale voll Löwenzahnblütenblätter (nur die gelben Zungenblüten) mit 1,2 Liter Wasser mit zwei Zitronenscheiben in einen Topf geben, aufkochen und etwa 10 Minuten köcheln lassen. Alles dann über Nacht stehen lassen.

Am Morgen alles nach Anweisung mit einem Päckchen Gelierzucker 1:2 oder 1:3 aufkochen und in Gläser abfüllen.

Wem das Mitessen der Blütenblätter unangenehm scheint, der kann den Sud natürlich vor dem Zugeben des Gelierzuckers abseihen.

Grüne Wildkräutersuppe

Zwiebel würfeln und in etwas gutem Fett andünsten. Klein geschnittene Kartoffeln dazugeben und ein wenig mitdünsten lassen, ehe alles mit Wasser/Gemüsebrühe aufgegossen wird. Kurz bevor die Kartoffeln gar gekocht sind, großzügig Wildkräuter dazugeben (Brennnessel, Giersch, Spitzwegerich...) und alles mit dem Mixstab pürieren. Mit Salz und Pfeffer abschmecken und nach Wunsch Sahne oder Kokosmilch dazugeben und mit ein paar Gänseblümchenblüten dekorieren.

Brennnessel Chips

Gutes Olivenöl in einer Pfanne erhitzen. Die jungen Blätter bzw. Spitzen der Brennnesseltriebe in das Fett geben. Mit einer Gabel wenden, und wenn die Ränder der Blätter leicht braun werden, sind sie fertig und werden ebenfalls mit einer Gabel aus der Pfanne entnommen und ggf. nach Geschmack zusätzlich mit Salz gewürzt.

Kräuterkäse

250 g Fetakäse, 125 g Joghurt miteinander verrühren und so viel Sahne zugeben, bis eine streichfähige Festigkeit erreicht ist.

Dann etwas Zitronensaft , ½ kleine Zwiebel, 1 Knoblauchzehe und eine gute Handvoll kleingehackter Wildkräuter zugeben.

Eine vegane Variante lässt sich mit Tofu und Sojajoghurt als Grundlage herstellen.

Hustensaft (aus Spitzwegerich)

Variante 1, der schnelle Hustensaft

60 g frische Spitzwegerichblätter kleinschneiden, 1 Liter Wasser zum Kochen bringen.
Die Blätter zugeben, aufkochen lassen, 1 Stunde ziehen lassen und dann abseihen. Das Kraut wird nun nicht mehr benötigt: Inhalts- und Wirkstoffe sind ins Wasser übergegangen. Den Sud nun solange köcheln lassen, bis sich

die Flüssigkeit um die Hälfte reduziert hat. Soweit abkühlen lassen, bis etwa Körpertemperatur erreicht ist, und dann 400 Gramm Honig zugeben. Den Hustensaft möglichst in dunkle Gläser/Fläschchen abfüllen und kühl lagern.

Variante 2, der süße Hustensaft

Frische Spitzwegerich-Blätter (kleingeschnitten) und Krümelkandis (etwa gleiche Mengen) abwechselnd in Schraubgläser schichten (die letzte Schicht sollte Kandis sein) und verschlossen etwa drei Monate stehen lassen, bis sich der Kandis komplett aufgelöst hat. Dann den Sud abseihen und in saubere Gläser/Fläschchen abfüllen.

Bei beiden Varianten hat sich für mich bei beginnendem Husten eine Dosierung von 3 x 1 EL bei Erwachsenen und 3 x 1 TL bei Kindern als hilfreich gezeigt.

Abb.: Ansatz Spitzwegerich Husten-Sirup

Bei anhaltendem Husten oder weiteren Beschwerden ist natürlich wie immer ein Arzt aufzusuchen!

Oxymel/Sauerhonig

Sauerhonig ist ein uraltes Heilmittel in allen Schichten der Bevölkerung gewesen und wird noch heute (auch von mir) gern genutzt.

Beim Oxymel vereinen sich die wohltuenden und gesundheitsfördernden Inhaltsstoffe von gutem Honig und gutem Apfelessig. Je nach gewünschter Wirkung werden Blätter, Blüten, Früchte oder Wurzeln hinzugegeben, deren Inhaltsstoffe vom Honig-Essig-Gemisch ausgezogen werden. Bei Bedarf bzw. auch zur Vorbeugung wird dann täglich ein Schnapsgläschen voll vom Sauerhonig getrunken. Da dieses Rezept zum Ausziehen der Wirkstoffe völlig ohne Alkohol auskommt, ist Sauerhonig auch gut für Kinder geeignet.

Das Verhältnis der drei Zutaten ist wie folgt:

1 Teil Kräuter (Pflanzenteile)
2 Teile guten Apfelessig und
6 Teile guten, kalt geschleuderten Imkerhonig.

Alles in ein ausreichend großes, verschließbares Glasgefäß geben und für die nächsten vier Wochen ziehen lassen. Dabei das Gefäß täglich einmal durchbewegen.

Nach vier Wochen die Pflanzenteile abziehen.

Oxymel lässt sich prima vorbereiten und hält sich (nach eigenen Erfahrungen) über mehrere Monate.

Ur-Tinktur

Zur Herstellung von (Ur-)Tinkturen werden frische Pflanzen/Pflanzenteile verwendet. Diese werden nach dem Ernten zerkleinert und bis zu ⅔ hoch in ein sauberes Schraubglas gefüllt. Das Ganze mit 40 %igem Alkohol (Korn, Wodka, Grappa) aufgegossen und für einen Mondzyklus (also gut 4 Wochen) verschlossen an einen warmen Ort (Fensterbank) gestellt.

Das Glas wird täglich einmal bewegt/geschüttelt. Nach dieser Zeit abseihen – fertig ist die Tinktur, die bis zu 5 Jahre lang haltbar ist.

Tinkturen werden in der Regel dreimal am Tag mit etwa einem TL eingenommen und wirken in der Regel intensiver als beispielsweise ein Tee.

Und natürlich gibt es viele weitere Möglichkeiten, die grünen Wilden in der Küche zu nutzen. Nimm deine Rezepte und gib einfach einmal ein wenig an Wildkräutern dazu, um das Rezept abzuwandeln. Auch im Internet lassen sich mittlerweile viele Rezepte mit Wildpflanzen und Wildkräutern finden.

Die Welt der (un)geliebten Unkräuter bietet unendlich viel, und alles beginnt, wie immer, mit dem ersten Schritt. Ich freue mich, wenn ich dir mit diesem Buch den Anstoß dazu habe geben können.

Ausschnitt aus dem Bericht zum Löwenzahnprojekt

Ausbildung zur Wildkräuter- und Naturpädagogin:

„Es ist März 2019 und das Aufbaujahr meiner Wild- und Heilpflanzenausbildung beginnt. Neben anderer Infos auch die Info zu den Aufgaben, die mit der Zertifizierung einhergehen.

Eine der Aufgaben umfasst eine Projektarbeit über ein Jahr zu einer Pflanze – eine aus all den vielen. Schon auf der Rückfahrt des ersten Tages arbeitet es in meinem Kopf.

Etliche Pflanzen gehe ich im Geiste durch, um abzuchecken, welches die „richtige“ ist für dieses Jahresprojekt ... und währenddessen schleicht sich eine immer wieder von sich aus in mein Bewusstsein: der Löwenzahn, und immer wieder der Löwenzahn.

Ich schiebe diesen Gedanken immer wieder beiseite, doch der Löwenzahn ist hartnäckig und kommt mir immer wieder ins Bewusstsein. Also lasse ich mich auf diesen ersten Ruf von ihm ein. Und ich kann rückblickend sagen, ich habe es nie bereut.

Überall zeigt er sich (mir) leuchtend gelb – fast so, als freue er sich über meine Hinwendung zu ihm als Hauptdarsteller in meinem Jahresprojekt.

Ich ziehe schon bald mit meiner Kamera los, um festzuhalten, was er mir von sich zeigt. Meine Demut und Ehrfurcht vor ihm dieser „Allerweltspflanze“ wächst zunehmend – und das nicht nur, weil ich der Perspektive wegen so oft vor ihm auf dem Boden/auf Mutter Erde liege.

Demut, Respekt, Ehrfurcht und Verbundenheit sind ständig präsent, wenn ich ihm begegne, ihn verarbeite und mit ihm arbeite.

Und dann spüre ich etwas sehr Tiefes und Schönes: Jedes Foto, das ich mache, trägt einen Impuls, eine Botschaft des Löwenzahns selbst in sich. Ja, mit jedem Bild erfahre ich mehr von ihm und was er mitzuteilen in der Lage ist.

Märchen, Gedichte, Meditationen über ihn sind das eine – Impulse und Botschaften von ihm noch mal ganz etwas anderes ...

Ich wende mich vollends den Impulsen des Löwenzahns zu. Zusammen mit den gemachten Fotos fühlt sich das für mich absolut rund und richtig an.

Das tiefe Einlassen auf die Bilder, das Verbinden mit ihnen bzw. mit der Pflanze und dem jeweiligen Ort und dem Augenblick, in dem das Bild entstanden ist, bringt die einzelnen Botschaften und Impulse des jeweiligen Bildes mit sich.

Puh, ich kann sagen – eine absolut tiefe, intensive und sehr berührende Ebene im Kontext mit dieser Pflanze.

Viele weitere Pflanzenkommunikationen habe ich seither gemacht, doch dieses Projekt, die lange intensive Zeit mit dem Löwenzahn, war eben doch etwas ganz Besonderes für mich: ein Samen auf meinem weiteren Weg.

Abb.: Samenschirmchen des Löwenzahns

Abb.: Garten 1967

Abb.: Garten 2022

Danksagung

Mein Dank geht an dieser Stelle an meine Oma und meine Mutter.

Mit ihnen gemeinsam durfte ich als Kind erleben, wie aus einem Stück Brachland ein farbenfroher, artenreicher Garten geworden ist.

Und auch, wenn in eben diesem Garten meiner Kindheit so manche der heute für mich lieb gewordenen (Un)Kräuter keinen Platz hatten, so haben diese beiden wunderbaren Frauen in diesem Garten schon früh den Samen der Naturverbundenheit in mich gelegt.

Dieser Samen ist schnell weiter gekeimt und mit der Zeit zu einer kräftigen Pflanze gewachsen, an deren Früchten ich heute andere Menschen teilhaben lassen kann. Teilhaben lassen auch in Form dieses Buches über die (un)-geliebten Unkräuter.

Und so geht mein Dank auch an dich/an Sie als interessierte Leser/innen des vorliegenden Buches.

Danke, und nun viel, viel Freude beim Lesen.

Deine/Ihre
Elke Fischer

Autorenprofil Elke Fischer

Elke Fischer, 1965 mitten im „Pott“ geboren, hat ihre gesamte Kindheit in Essen erlebt. Doch gerade dort, im Alltag der Großstadt, ist der Samen zur Naturverbundenheit gelegt und zum Keinem und Wachsen gebracht worden.

Während im Garten ihrer Kindheit „nur“ die reinen Kulturpflanzen ihren Platz haben durften, so ist außerhalb des Gartenzaunes immer mehr auch ihr Interesse und die Liebe zu den sogenannten Unkräutern gewachsen. Diese Wild- und Heilkräuter – und wie sie sie nennt „Gesund-bleib-Kräuter“ – sind für sie zu wahren Pflanzenfreunden und ein fester Bestandteil in ihrer Küche und Naturapotheke geworden.

Seit mehreren Jahren leitet die Autorin Spaziergänge und Veranstaltungen rund um die heimischen Wildpflanzen aus Gottes großem Unverpacktladen und verhilft Menschen dabei, die ungeliebten Unkräuter zu geliebten Pflanzenfreunden werden zu lassen.

Feste Wurzeln und ein stabiles Inneres sind auch im Leben von uns Menschen wichtig. Die Autorin greift dieses wichtige Thema auch in ihrer Familienbegleitung, Elternberatung und ihren Pädagogenschulungen (Weiterbildunsangebote für Pädagogen) auf.

Ihr Motto dabei: Starke, glückliche, selbstsichere Kinder braucht die Welt, und wir Erwachsenen haben die Verantwortung dafür.

Aus dem Verlagsprogramm
www.loewenstern-verlag.de

Maya Satis
Teilzeit Borderliner
Scheinbar harmlose äußere Einflüsse können bei Maya als Auslöser wirken, ihrem Leben ein Ende zu setzen. Wie sie dennoch überlebt, erzählt sie sehr eindrucksvoll und spannend in ihrem Buch.

ePUB-Ausgabe:	10,00 Euro
Kindle-Ausgabe:	9,99 Euro
Print-Softcover:	13,00 Euro
Print-Hardcover:	20,00 Euro

Helga Fischer
Aus dem Nähkästchen geplaudert
Ein Buch zur Verständigung zwischen den Generationen. Bei Helgas anregenden Geschichten verstehen die Jüngeren vielleicht zum ersten Mal, wieso Oma oder Opa manchmal so merkwürdige Ansichten haben. Spannend und stets mit einem zwinkernden Auge geschrieben.

ePUB-Ausgabe:	9,99 Euro
Print-Ausgabe:	17,00 Euro

Aus dem Verlagsprogramm
www.loewenstern-verlag.de

Renate Wettach

Mobbing für Fortgeschrittene – Wie Sie Ihr Leben wieder in den Griff bekommen

Betroffene finden in diesem Buch Orientierung und Hilfestellung, damit sie nicht im Gefühlschaos versinken. Jeder kann es lernen, sich „am eigenen Schopf“ aus dem „Sumpf“ zu ziehen!

ePUB-Ausgabe: 12,00 Euro
Print-Ausgabe: 19,99 Euro

Sabine Hasslbauer

Endlich frei vom Säbelzahntiger und wie die Maus zum Elefanten wird

Narzisstischer Missbrauch als eine Form von Gewalt in zwischenmenschlichen Beziehungen und Möglichkeiten, sich daraus zu befreien.

ePUB-Ausgabe: 10,00 Euro
Kindle-Ausgabe: 9,99 Euro
Print-Softcover: 20,00 Euro

FSC
www.fsc.org
MIX
Papier | Fördert gute Waldnutzung
FSC® C083411

Kolibri 360 GmbH
Ferdinand-Jühlke-Straße 7
99095 Erfurt, Deutschland
produktsicherheit@kolibri360.de